普通高等教育教材

2021年江苏省高等学校重点教材立项建设

化学综合与探究型实验

杜攀　吴海霞　主编

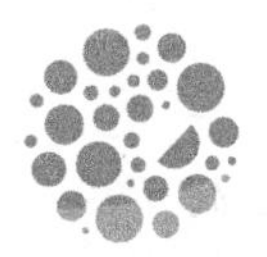

HUAXUE ZONGHE YU TANJIUXING SHIYAN

化学工业出版社
·北京·

内容简介

《化学综合与探究型实验》综合了无机化学、有机化学、分析化学、物理化学、实用化工、中学化学教学论等课程的重要实验方法和技术，共有33个实验，由24位教师及企事业单位技术骨干合作编写而成，内容主要来自学生的开放实验项目、大学生创新创业实验项目、教师的科研项目、生产实际中的分析检测项目及中学教育阶段的综合化学实验项目。

本书分两个部分：应用型综合探究实验23个和中学化学基础综合实验10个。以培养学生学习和科研的正确思路为主线，注意化学知识的应用，注重培养学生思考问题和解决问题的能力。

本书可作为高等院校化工、制药、材料、环境、化学教育等专业的实验教材，亦可供有关专业技术人员参考。

图书在版编目（CIP）数据

化学综合与探究型实验/杜攀，吴海霞主编.—北京：化学工业出版社，2022.4（2024.9重印）
普通高等教育教材
ISBN 978-7-122-40782-5

Ⅰ.①化… Ⅱ.①杜… ②吴… Ⅲ.①化学实验-高等学校-教材 Ⅳ.①O6-3

中国版本图书馆CIP数据核字（2022）第021478号

责任编辑：旷英姿　蔡洪伟　　文字编辑：李　玥
责任校对：刘曦阳　　装帧设计：王晓宇

出版发行：化学工业出版社（北京市东城区青年湖南街13号　邮政编码100011）
印　　装：北京盛通数码印刷有限公司
787mm×1092mm　1/16　印张9　字数203千字　2024年9月北京第1版第2次印刷

购书咨询：010-64518888　　售后服务：010-64518899
网　　址：http://www.cip.com.cn
凡购买本书，如有缺损质量问题，本社销售中心负责调换。

定　　价：32.00元

《化学综合与探究型实验》编写人员

主　　编　杜　攀　吴海霞

编写人员（按姓名汉语拼音排序）

白立飞　杜　攀　冯　燕　顾小敏　黄　斌

黄余改　纪晗旭　季　姣　季益刚　姜大炜

矫文美　金　浩　李慧妍　梁文慧　钮珊珊

钱广盛　乔　玲　吴海霞　吴肖肖　许翠霞

杨　慧　张雅洁　赵　强　周安南

前言

高等学校的实验教学是实践教学环节的关键部分，是学生理解并运用所学理论分析和解决问题的训练平台，是提升学生实践能力和创新能力的重要手段，专业综合型与探究型实验是对基础化学理论、实验方法和实验技能的融会贯通，对培养学生思考问题、解决问题及创新思维能力有着极其重要的作用。

《化学综合与探究型实验》以培养学生学习和科研的正确思路为主线，注意化学知识的应用，注重培养学生思考问题和解决问题的能力，结合了学生的开放实验项目、大学生创新创业实验项目、教师的科研项目以及生产实际中的分析检测项目，还包括了中学阶段的综合化学实验，有利于师范院校人才的培养。教材综合了无机化学、有机化学、分析化学、物理化学、实用化工、中学化学课程教学论等化学分支的重要实验方法和技术，共有33个实验。实验内容包括实验设计、实验目的、实验原理、仪器与试剂、实验步骤、实验报告提纲、注意事项、参考文献、知识拓展等，可作为高等院校化工、制药、材料、环境、化学教育等专业的实验教材，亦可供其他大专院校从事化学实验工作的有关人员参考。

由于编者水平有限，编写时间仓促，书中不妥之处在所难免，敬请读者批评指正。

编　者

2021年9月

目录

第二部分

中学化学基础综合实验

第一部分　应用型综合探究实验

实验一　纳米组装血红蛋白质的直接电化学和催化研究

一、实验设计

血红蛋白（Haemoglobin，Hb）是动物骨骼肌的输氧蛋白，而且分子中含有一个电活性的铁血红素辅基。尽管血红蛋白有电活性中心，但由于其扩展的三维空间致使电活性中心被包埋在多肽链中，同时因为它在电极表面强烈吸附造成电极的钝化，故在电极上的电子转移速率很慢，得不到有效的电流响应，通常需要借助媒介体、促进剂或特殊电极材料促进电化学反应。为了实现血红蛋白等蛋白质在电极表面发生可逆或准可逆的直接电子转移反应，探索合适的电极材料和固定方法来实现血红蛋白的直接电化学，制备性能优越、稳定可靠的第三代生物传感器是一项具有重要意义的课题。金松子等应用自组装双层类脂膜修饰的玻碳电极测定了血红蛋白，研究了在此电极上血红蛋白的电化学行为及其作用机理。王全林等首次利用 sol-gel 膜将 Hb 固载于碳糊电极表面，成功地观察到血红蛋白的直接电化学行为，研究了 Hb 对 H_2O_2 的催化还原性能。蔡称心等利用吸附法将血红蛋白固定在碳纳米管修饰玻碳电极表面，制成稳定的固载 Hb 碳纳米管修饰电极，研究了 Hb 在碳纳米管修饰电极上的直接电化学行为。H_2O_2 是生物体内很多氧化酶反应的副产品，也是许多工业过程的原料或中间产物，其含量测定在药物、临床、食品、工业和环境监测中具有重要意义。

本实验利用混酸处理碳纳米管，使其表面修饰上羧基、羟基等基团，增强其在水中的分散能力和稳定性，改善其表面性质，从而促进了电子传递。将壳聚糖与碳纳米管进行混合，构建一种具有生物相容性的固定血红蛋白的复合材料，利用这种材料制作修饰电极，并以 H_2O_2 作为底物，研究血红蛋白在该碳纳米管上的电化学性质及其对 H_2O_2 的电催化活性，利用还原峰电流与 H_2O_2 浓度之间的关系，建立起一种简单、灵敏度高的 H_2O_2 电化学分析方法。

二、实验目的

1. 学习碳纳米管的酸处理方法和操作技术。
2. 掌握电化学工作站的使用方法。
3. 学习利用循环伏安法对目标检测物进行定量分析。
4. 了解米氏常数的意义，掌握米氏常数的测定方法。

三、实验原理

蛋白质与电极之间电子传递速度较慢的主要原因是蛋白质的活性中心深埋在多肽链内。还存在着一些外在因素，如蛋白质在裸电极表面强烈吸附，导致构象变形；此外，蛋白质里含有的杂质或变性的蛋白很容易吸附在裸电极表面，形成一层绝缘膜，阻碍蛋白质的活性中心与电极之间的电子传递。为了消除这些影响，加速氧化还原蛋白质和酶与电极之间的电子传递，常用的方法是通过在溶液中加入或在电极表面修饰一层物质。根据所加物质的作用，将蛋白质与电极之间的电子传递过程分为直接电化学或间接电化学过程。

1991年碳纳米管被发现，它以其独特的结构、电子特性、机械性能和化学稳定性而成为全世界的研究热点之一。它可以认为是单层或多层石墨沿中心轴旋转而形成的一维管状结构。碳纳米管分为单壁碳纳米管（single-walled carbon nanotubes，SWNT）和多壁碳纳米管（multi-walled carbon nanotubes，MWNT），依据原子结构的不同，碳纳米管表现出金属或半导体的性质。纳米材料具有表面效应、小尺寸效应、量子尺寸效应、宏观量子隧道效应、界面效应等特性，多壁碳纳米管的巨大比表面积极大地增加了与血红蛋白的直接接触表面，提高了电极传递的效率，促进了血红蛋白与电极之间的直接电子传递，使血红蛋白在裸玻碳电极上难以观察到的电化学响应成为可能。

H_2O_2 是生物体内很多氧化酶反应的副产物，也是许多工业过程的原料或中间产物。H_2O_2 测定方法主要包括滴定法、化学发光法、光谱法和电化学方法。本实验为 H_2O_2 含量测定提供了一种简单、灵敏度高的电化学分析方法。

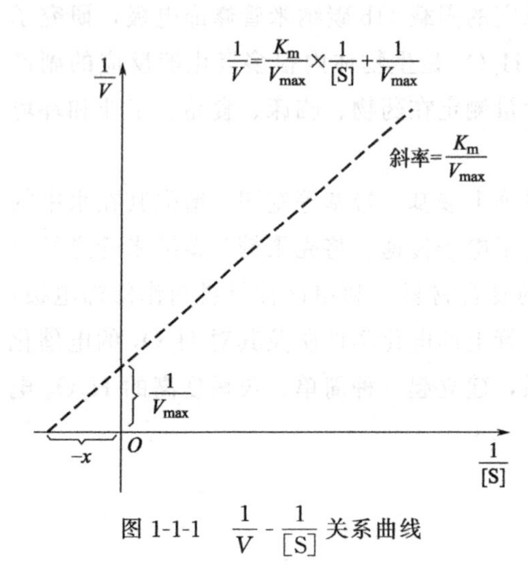

图 1-1-1 $\frac{1}{V}$-$\frac{1}{[S]}$ 关系曲线

血红蛋白对 H_2O_2 具有酶催化作用，可以用米氏方程来进行描述，米氏方程中包含四个函数，即反应速率 V、最大速率 V_{max}、底物浓度［S］和米氏常数 K_m，可表示如下：

$$V=\frac{V_{max}[S]}{K_m+[S]} \tag{1-1-1}$$

取倒数，用 $\frac{1}{V}$ 对 $\frac{1}{[S]}$ 作图可得一直线，如图 1-1-1 所示。

米氏常数是研究酶促反应动力学最重要的常数。它的意义如下：它的数值等于酶促反应达到其最大速率 V_{max} 一半时的底物浓度［S］。它可以表示酶和底物之间的亲和能力，K_m 值越大，亲和能力越弱，反之亦然。K_m 是一种酶的特征常数，只与酶的种类有关而与酶的浓度无关，与底物的浓度也无关，这一点与 V_{max} 是不同的，因此，我们可以通过 K_m 值来鉴别酶的种类。但它会随着反应条件（温度、pH）的改变而改变，实验过程中需要对实验条件加以控制。

四、仪器与试剂

仪器：CHI电化学工作站，三电极系统（玻碳电极、饱和甘汞电极、铂丝电极），高速离心机，红外光谱仪。

试剂：血红蛋白，多壁碳纳米管，Al_2O_3粉，无水乙醇，蒸馏水，$K_3Fe(CN)_6$溶液，KCl溶液，壳聚糖，冰醋酸，Hb-MWNT分散液，过氧化氢（30%，质量体积比），浓硝酸，浓硫酸，磷酸。

五、实验步骤

1. 可溶性多壁碳纳米管的制备

称取0.5g多壁碳纳米管于100mL的圆底烧瓶中，后加入7.5mL浓硝酸和22.5mL浓硫酸的混合液，在110℃下搅拌回流反应1h。冷却至室温，在10000r/min转速下离心5min分离出多壁碳纳米管，并用蒸馏水洗涤到pH值处于5～6。放于烘箱中，110℃下干燥1h。对混酸处理前后的碳纳米管分别进行红外表征。

2. 玻碳电极（glassy carbon electrode，GCE）的预处理和循环伏安表征

玻碳电极先后用0.3μm、0.05μm的Al_2O_3粉抛光成镜面，然后依次用无水乙醇及蒸馏水超声洗净，晾干。在电解池中放入1.0mmol/L $K_3Fe(CN)_6$和0.1mol/L KCl溶液，插入玻碳电极（工作电极）、饱和甘汞电极（参比电极）、铂丝电极（对电极）三电极。以100mV/s的扫描速率，在+0.6～−0.20V的范围内扫描循环伏安图，当氧化峰电位与还原峰电位的差值≤80mV时，玻碳电极表面情况良好，可以使用，否则需重新抛光处理。以不同扫描速率（10mV/s、40mV/s、60mV/s、80mV/s、100mV/s、200mV/s）分别在+0.6～−0.20V范围内扫描循环伏安图。

3. 纳米组装血红蛋白酶修饰电极的制备

称取20mg壳聚糖超声溶解于2mL 1%的冰醋酸溶液（pH=5左右），后将1mg水溶性多壁碳纳米管和2mg血红蛋白加入1mL制备好的壳聚糖溶液中。超声振荡分散成黑色悬浮物。将10μL Hb-MWNT分散液滴涂于电极表面，晾干2h制得Hb-MWNT-GCE修饰电极。作为对照，不加多壁碳纳米管以相似方法制得Hb-GCE修饰电极。

4. 过氧化氢的催化和米氏常数的测定

使用Hb-MWNT-GCE修饰电极作为工作电极，在电解池中放入10mL 0.1mol/L pH=7.0的磷酸缓冲溶液，通氮除氧15min，加入不同浓度的过氧化氢溶液：0、0.05mmol/L、0.10mmol/L、0.15mmol/L、0.20mmol/L、0.25mmol/L、0.30mmol/L、0.35mmol/L、0.40mmol/L、0.45mmol/L、0.50mmol/L、0.55mmol/L（可根据实际情况增减采样浓度），至峰电流开始下降为止，在100mV/s扫描速率下，采集+0.3～−0.80V内的循环伏安图。相同条件下，使用Hb-GCE修饰电极作为工作电极测定不同

浓度的过氧化氢溶液：0mmol/L 和 0.10mmol/L，在 100mV/s 扫描速率下，采集 +0.3～-0.80V 内的循环伏安图。

六、实验报告

1. 玻碳电极的循环伏安表征

实验条件：1.0mmol/L $K_3Fe(CN)_6$ +0.1mol/L KCl 溶液，三电极系统。记录数据于表 1-1-1 中。

表 1-1-1 玻碳电极的循环伏安数据记录表

扫描速度/(mV/s)	E_c/V	E_a/V	i_c/μA	i_a/μA
10				
40				
60				
80				
100				
200				

2. Hb-GCE 电极的循环伏安表征

实验条件：0.1mol/L pH7.0 的磷酸盐缓冲液，0.10mmol/L H_2O_2，通氮除氧，三电极系统，扫描速度 100mV/s。记录数据于表 1-1-2 中。

表 1-1-2 Hb-GCE 电极的循环伏安数据表

样品	E_c/V	E_a/V	i_c/μA	i_a/μA
空白				
0.10mmol/L H_2O_2				

3. Hb-MWNT-GCE 电极的循环伏安表征

实验条件：0.1mol/L pH7.0 的磷酸盐缓冲液，0.10mmol/L H_2O_2，通氮除氧，三电极系统，扫描速度 100mV/s。记录数据于表 1-1-3 中。

表 1-1-3 Hb-MWNT-GCE 电极的循环伏安数据表

$c_{H_2O_2}$/(mmol/L)	0.05	0.10	0.15	0.20	0.25	0.30	0.35	0.40	0.45	0.50	0.55
E_c/V											
i_c/μA											

4. 混酸处理前后碳纳米管的红外光谱比较

对混酸处理前后碳纳米管的红外光谱进行比较，并讨论碳纳米管上有机官能团的变化情况。

5. 玻碳电极在 1.0mmol/L $K_3Fe(CN)_6$ +0.1mol/L KCl 溶液中的循环伏安表征

考察不同扫描速度下，氧化峰、还原峰电流的大小、绘制 i_p-$v^{\frac{1}{2}}$ 关系曲线，根据峰电流公式 $i_p=2.69\times10^5n^{3/2}cv^{1/2}D^{1/2}A$ （μA），计算电极的实际面积。

6. Hb-MWNT-GCE 和 Hb-GCE 修饰电极对过氧化氢催化效果比较

Hb-MWNT-GCE 和 Hb-GCE 修饰电极对过氧化氢催化效果进行比较分析，讨论碳纳米管对电化学信号的影响。

7. 计算米氏常数

酶动力学曲线的绘制：在稳态条件下，根据 Koutechy-Levich 方程可得等式：

$$\frac{1}{i}=\frac{K_m}{i_m[S]}+\frac{1}{i_m}$$

从 $1/i$ 对 $1/[S]$ 的作图得到一直线，其斜率是 K_m/i_m，截距为 $1/i_m$，相除即可得到米氏常数。

七、注意事项

(1) 配制混酸时，将浓硫酸通过玻璃棒缓慢引流注入浓硝酸溶液中，不断搅拌，可辅以冷水浴进行冷却。

(2) 用混酸处理碳纳米管时，除了加热回流的方法外，也可以用超声波清洗器，超声3～4h，再经离心、水洗、干燥得到羧基化的碳纳米管。

(3) 用修饰电极进行循环伏安扫描时，溶液中的溶氧对电流信号的强度存在影响。在做循环伏安扫描前，要保证体系充分通氮除氧，并使体系始终处于相对密闭的环境；后续的实验过程中，也应尽量避免体系中的溶液与外界空气的接触。

八、参考文献

[1] Liu H H, Tian Z Q, Pang D W, et al. Direct electrochemistry and electrocatalysis of heme-proteins entrapped in agarose hydrogel films [J]. Biosens Bioelectron, 2004, 20: 294.

[2] 董绍俊，车广礼，谢远武．化学修饰电极 [M]. 北京：科学出版社，1995：467.

[3] Li M X, Li N Q, Gu X H, et al. Electrocatalysis by a C_{60}-γ-cyclodextrin (1∶2) and nafion chemically modified electrode of hemoglobin [J]. Anal Chim Acta, 1997, 356: 225.

[4] 杨秀娟，俞菊，陆天虹．马心血红蛋白在氧化铟电极上的直接电子传递反应 [J]. 高等学校化学学报，1996，17 (12)：1932.

[5] 邹小智，张海丽，王芳，等．磁性纳米微球-血红蛋白修饰电极的电化学行为及对

H_2O_2 电催化还原的研究 [J]. 分析科学学报，2007，23 (6)：661.
[6] 金松子，王韬，张春熙，等. 血红蛋白在磷脂-月桂酸修饰的玻碳电极上的电化学行为及其分析应用 [J]. 化学学报，2002，60 (7)：1269.
[7] 王全林，杨宝军，吕功煊. 碳糊电极上无机膜固载血红蛋白的直接电化学 [J]. 高等学校化学学报，2003，24 (9)：1561.
[8] 蔡称心，陈静. 碳纳米管促进氧化还原蛋白质和酶的直接电子转移 [J]. 电化学，2004，10：159.
[9] Xiao Y，Ju H X，Chen H Y. Hydrogen peroxide sensor based on horseradish peroxidase-labeled Au colloids immobilized on gold electrode surface by cysteamine monolayer [J]. Anal Chim Acta，1999，391 (1)：73.
[10] 钮金芬，姚秉华. 多壁碳纳米管修饰电极的制备及其应用 [J]. 化学分析计量，2006，15：24.
[11] 张立德. 纳米材料 [M]. 北京：化学工业出版社，2000.
[12] Lei C X，Hu S Q，Shen G L，et al. Immobilization of horseradish peroxidase to a nano-Au monolayer modified chitosan-entrapped carbon paste electrode for the detection of hydrogen peroxide [J]. Talanta，2003，59：981.
[13] 石瑞丽，陶菡，张义明，等. 血红蛋白在碳纳米管/离子液体/纳米金修饰电极上的电化学特性及对过氧化氢的电催化分析 [J]. 化工新型材料，2011，39：91.
[14] 苟莉莉. 基于纳米材料的电化学生物传感器的研究及应用 [D]. 南通：南通大学，2012.
[15] 李彤彤. 氧化还原蛋白质在纳米材料修饰电极上的直接电化学与电催化研究 [D]. 青岛：青岛科技大学，2013.

九、知识拓展

1. 纳米材料的性质简介

在纳米材料中，由于纳米级尺寸与光波波长、德布罗意波长等物理性质特征尺寸相当或更小，使得晶体周期性的边界条件被破坏；纳米微粒的表面附近的原子密度减小；电子的平均自由程很短，而局域性和相干性增强。这种变化使得纳米材料产生在宏观尺度上完全看不到的或者特别优异的性质，主要包括表面效应、小尺寸效应、量子尺寸效应、宏观量子隧道效应和界面效应。

(1) 表面效应　表面效应是指纳米材料的表面原子与总原子数之比随着纳米材料尺寸的减小而大幅度地增加，粒子的表面能及表面张力也随之增加，从而引起纳米粒子性质的变化。纳米材料的表面原子所处的晶体场环境及结合能与内部原子有所不同，存在许多悬空键，并具有不饱和性质，因而极易与外界的气体、流体甚至固体的原子发生反应，十分活泼，即具有很高的化学活性。与颗粒体内原子相比，表面原子配位数不足并具有高的表面能，因而更为活泼，更易于迁移，可能引起表面重排产生构型变化，或同时引起表面自旋构象和电子能谱的变化。

纳米材料的表面效应可增加材料的化学活性、降低熔点等，利用该特性可制作高效催化剂、敏感元件、冶炼高熔点材料等。

(2) 小尺寸效应　随着物质尺寸的量变，在一定条件下会引起物质性质的质变。由于物质尺寸量变所引起的宏观物理性质的变化称为小尺寸效应。纳米颗粒尺寸小，比表面积大，熔点、磁性、热阻、电学、光学、化学和催化性质等都与大尺度物质明显不同，产生了一系列奇特的性质。

(3) 量子尺寸效应　大块材料的金属，它的能带可以看成是连续的，而介于原子和大块材料之间的纳米材料的能带将分裂成分立的能级，即能级量子化。这种能级间的间距随着颗粒尺寸的减小而增大，当能级间的间距大于热能、光子能量、静电能、磁能、静磁能或超导态的凝聚能平均能级间距时，就会出现一系列与大块材料不同的反应特性，称为量子尺寸效应。这种量子尺寸效应导致纳米颗粒的磁、光、电、声、热以及超导电性等特性与大块材料显著不同。

(4) 宏观量子隧道效应　微观粒子具有穿越势垒的能力称为隧道效应。近年来，人们发现一些宏观的物理量，如微小颗粒的磁化强度、量子相干器件中磁道量以及电荷等也具有隧道效应，他们可以穿越宏观系统的势垒而产生变化。

(5) 界面效应　随着纳米材料的粒径减小，界面原子所占比例迅速增大，巨大的纳米材料界面处的原子排列混乱，表面原子配位严重不足，界面上存在大量缺陷，这就导致表面活性增加，晶格显著收缩，晶格常数变小，以及表面原子输送和构型的变化，原子在外力作用下，很容易跃迁，因此表现出很好的韧性与一定的延展型，与界面状态有关的吸附、催化、扩散、燃结等物理、化学性质将与传统的大颗粒材料显著不同。纳米材料的表面与界面效应不但引起表面原子的运输和构型变化，而且可引起自旋构象和电子能谱的变化。

2. 纳米材料在电极表面修饰层内作用和原因

首先，纳米材料各种特殊性能在修饰层内起了关键作用，多壁碳纳米管具有巨大比表面积，极大地增加了与血红蛋白的直接表面接触，血红蛋白的结构发生变化，原先在血红蛋白中被包埋的氧化还原中心被暴露出来，这就极大地提高了电子传递的效率，从而得到有效的电流响应。其次，多壁碳纳米管的小几何尺寸及特殊的电子结构和导电性能也有效地促进了血红蛋白与电极之间的直接电子传递。最后，碳纳米管表面含有许多含氧官能团，如羧基、羰基等，它们在很大程度上改良了多壁碳纳米管的表面性质，促进了电子传递。

3. 碳纳米管的表面修饰

碳纳米管作为膜电极修饰材料使用时涉及两个问题：分散及其与基体材料的相容性问题。碳纳米管表面缺陷少、缺乏活性基团，在各种溶剂中的溶解度都很低。另外，碳纳米管之间存在较强的范德华力，加之它巨大的比表面积和很高的长径比，使其形成团聚或缠绕，严重影响了它的应用，因此需要将碳纳米管分散在特定的溶液中形成均匀的悬浮液。由于碳纳米管的表面惰性，与基体材料间的界面结合弱，因此，复合材料的性能仍不十分理想。碳纳米管的表面修饰通常采取的办法是先用物理（超声、球磨等）或化学（氧化）的方法将碳纳米管进行开口处理，然后通过化学处理使碳纳米管表面接上一些如羧基（—COOH）、羰基（—C═O）或羟基（—OH）等氧活性基团，最后再根据需要进行各种接枝反应。

实验二　荔枝壳中多酚物质的分离、提取及其抗氧化性测定

一、实验设计

荔枝是水果中的珍品，含有丰富的多糖、黄酮、氨基酸以及多种微量元素，具有补脑健身、开胃益脾的药用价值。荔枝壳中含有大量多酚类物质，具有良好的抗氧化性和抗自由基功能。本实验的设计涵盖了天然产物的提取、分离、含量测定等过程，涉及有机化学和分析化学相关实验操作，是一个较为综合的化学实验。

二、实验目的

1. 了解多酚类物质的基本性质。
2. 熟悉天然产物的提取与分离。

三、实验原理

荔枝中含有丰富的荔枝多糖、黄酮、氨基酸和一些人体必需的微量元素，具有滋补和药用价值，有“水果之王”之称。研究表明，荔枝壳中富含具有良好抗氧化性和抗自由基的多酚类物质。多酚一般由 3 个环构成：A 环、B 环（羟基部分）和 C 环（含氧碳环）（图 1-2-1）。它主要存在于植物的壳、根、叶和果实中，目前已鉴定出的多酚类物质有 8000 多种。多酚具有较强的抗氧化性，能有效清除体内过剩的自由基，抑制脂质过氧化，对自由基诱发的生物大分子损伤起到保护作用。本实验通过超声辅助提取法提取桂味品种的荔枝壳内多酚类物质，并研究测得其多酚平均含量和抗氧化性。

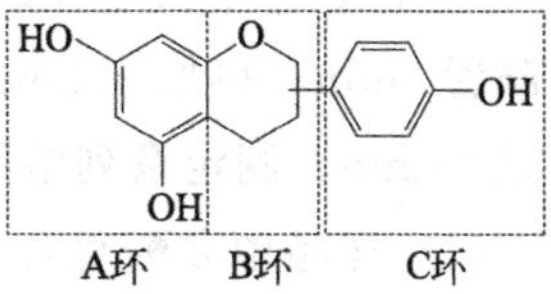

图 1-2-1　多酚类物质的结构示意图

采用基于分光光度法测定样品的抗氧化活性的铁离子还原/抗氧化力测定法（Ferric ion reducing antioxidant power，FRAP）测定荔枝壳的乙醇提取物中多酚的总抗氧化活性。

FRAP 法的实验原理是样品中的还原物质可以将 Fe^{3+}-三吡啶三嗪（TPTZ）还原为 Fe^{2+}形式而呈蓝色，还原产物在 593nm 波长处有最大吸收，根据吸光度大小计算样品抗氧化性强弱。

四、仪器与试剂

仪器：紫外-可见分光光度计，超声波振荡器，电子分析天平（0.1mg），电子天平

(1mg)，碘量瓶，量筒（100mL），移液管（2mL、5mL），容量瓶（10mL、50mL、100mL），烧杯（50mL、250mL），布氏漏斗，抽滤瓶，水泵，具塞比色管（10mL）。

试剂：95%乙醇（分析纯），没食子酸（标准品），福林酚试剂（储备液），5%碳酸钠溶液，Fe^{3+}-三吡啶三嗪（TPTZ），醋酸-醋酸钠缓冲溶液，$FeCl_3$ 溶液，$FeSO_4$ 溶液，蒸馏水。

原料：荔枝壳。

五、实验步骤

1. 样品制备：荔枝壳中多酚化合物的提取

超声波振荡器辅助提取法：提前准备好的干净桂味荔枝壳（提前在 50℃烘干），准确称取 3.0g，置于碘量瓶中，加 30mL 95%乙醇（注：在碘量瓶磨口处垫上一小片纸，防止超声后塞子与瓶口粘在一起），超声波振荡 30min。减压过滤，并用少量 95%乙醇洗涤两次，得到的滤液再用 95%乙醇定容至 50mL 备用。平行实验做两次。

2. 抗氧化物质定量测量：Folin-Denis 法测定荔枝壳中多酚的总含量

（1）没食子酸储备液（100mg/L）配制：准确称取 10.0mg 没食子酸（标准品），加适当蒸馏水溶解，定量转移至 100mL 容量瓶中，用水稀释至刻度定容，摇匀、备用。

（2）样品溶液的制备：准确移取 2.5mL 提取液至 50mL 容量瓶中，用水稀释至刻度，摇匀。

（3）标准曲线绘制：取 6 支 10mL 具塞比色管，准确移取没食子酸储备液（100mg/L）0、0.20mL、0.40mL、0.80mL、1.60mL、3.20mL，加入 1.2mL 福林酚试剂，摇匀后静置 5min，再加 3.0mL 5%的碳酸钠溶液，用水定容至 10mL，充分摇匀，室温下避光放置 30min，测定系列溶液在 644nm 波长下的吸光度，绘制出标准曲线。

（4）样品中多酚总含量的测定：准确取 1.0mL 待测样品溶液（超声波振荡器辅助提取）至具塞比色管中，加入 1.2mL 福林酚试剂，摇匀后静置 5min，再加入 3.0mL 5%碳酸钠溶液，用水定容至 10mL，充分摇匀，室温下避光放置 30min，测定样品溶液在 644nm 波长下的吸光度。同样的操作，重复测定 2 次，作为平行实验。

3. 荔枝壳中多酚的抗氧化性能的测定

取 400μL 待测样品溶液，加入 3.6mL TPTZ 工作液（由 0.3mol/L 醋酸-醋酸盐缓冲溶液 25mL、10mmol/L TPTZ 溶液 2.5mL、20mmol/L $FeCl_3$ 溶液 2.5mL 组成），混合均匀，在 37℃反应 30min，测定其在 593nm 波长处的吸光度。以 1.0mmol/L $FeSO_4$ 为标准，样品抗氧化活性（FRAP 值）以达到同样吸光度所需 $FeSO_4$ 的物质的量（mmol）表示。

六、实验报告

1. 实验目的
2. 实验原理

3. 实验仪器与试剂
4. 实验步骤
5. 实验数据处理
6. 实验结论
7. 实验反思

七、注意事项

福林酚试剂应为黄色，若配制出来溶液显绿色，应加入几滴液溴，加热至沸腾除去绿色。

八、参考文献

[1] 王俏，邹阳，钟耕，等．多酚类单体物质抗氧化活性的研究［J］．食品工业科技，2011，32：137.

[2] 毛宗万，姜隆，张伟雄，等．综合化学实验［M］．2版．北京：科学出版社，2020.

[3] Szafrańska K，Szewczyk R，Janas K M. Involvement of melatonin applied to Vigna radiata，L. seeds in plant response to chilling stress［J］．Central European Journal of Biology，2014，9（11）：1117.

九、知识拓展

荔枝（*Litchi chinensis Sonn.*），无患子科，荔枝属常绿乔木，高约10m。果皮有鳞斑状突起，鲜红、紫红，成熟时至鲜红色，种子全部被肉质假种皮包裹。花期春季，果期夏季。果肉新鲜时呈半透明凝脂状，味香美，但不耐储藏。

分布于中国的西南部、南部和东南部，广东和福建南部栽培最盛。亚洲东南部也有栽培，非洲、美洲和大洋洲有引种的记录。荔枝与香蕉、菠萝、龙眼一同号称“南国四大果品”。

荔枝味甘、酸、性温，入心、脾、肝经；可止呃逆、止腹泻，是顽固性呃逆及五更泻者的食疗佳品，同时有补脑健身，开胃益脾，有促进食欲之功效。因性热，多食易上火。荔枝木材坚实，纹理雅致、耐腐，历来为上等木材。

荔枝皮中含有大量的多酚类物质，对于人体护肤、抗衰老等都有很大作用，超声波和微波都能对荔枝壳中的多酚类物质起到很好的提取效果。所以从荔枝壳中提取出的多酚类物质在护肤和保健品市场上有很大的应用前景。

实验三　三种 MOF 晶体的合成、结构转变及发光性能探究

一、实验设计

金属有机骨架化合物（metal organic framework，MOF）是一种有机-无机杂化材料，也称配位聚合物（coordination polymer），它既不同于无机多孔材料，也不同于一般的有机配合物。兼有无机材料的刚性和有机材料的柔性特征。使其在现代材料研究方面呈现出巨大的发展潜力和诱人的发展前景。MOF 结构具有多样性，结构的不同会影响其荧光、磁性、吸附等性能。其中，阴离子会影响到 MOF 结构的多样性。在构筑 MOF 结构的过程中直接探究阴离子对 MOF 结构多样性的影响已经被广泛研究。相反地，探究阴离子对已经形成 MOF 结构的转变的研究还相对较少，尤其是探究阴离子诱导的 MOF 结构的多步转变。本实验涵盖了两种 MOF 材料的晶体合成、结构分析、性能表征等过程，涉及固相合成方法、有机化学、分析化学等基本的实验操作，综合性较强。

二、实验目的

1. 了解固体材料合成方法。
2. 探究阴离子诱导的 MOF 结构的多步转变。
3. 掌握发光材料的测试方法与图谱分析。
4. 了解粉末衍射仪、红外光谱仪等仪器的使用方法及图谱解析。

三、实验原理

MOF 材料是通过有机配体与金属离子反应构筑的。MOF 材料的合成具有多种方法，主要有溶剂法、液相扩散法、固相合成法以及微波、离子热等新方法。而且由于金属离子的配位模式、金属配体比例、溶液的酸碱度、抗衡离子、客体分子和溶剂都会影响形成 MOF 的结构，这就导致 MOF 具有结构多样性。阴离子同有机配体一样也可以与金属离子配位，由于阴离子和有机配体之间竞争配位同样会导致不同的 MOF 结构，结构决定性能，因此，阴离子诱导 MOF 结构的转变的同时会带来性能的改变，比如荧光性能。

四、仪器与试剂

仪器：分析天平，烧杯，量筒，玻璃棒，漏斗，研钵，反应釜（25mL），烘箱，粉末

衍射仪，荧光光谱仪，油压机，冰箱，磁力搅拌器，体式显微镜，傅里叶变换红外（FT-IR）光谱仪。

试剂：六水合高氯酸镉，对苯二甲酸，HBCbpyCl［1-(4-羧苄基)-4,4′氯化联吡啶］，纯溴化钾（红外），NaOH（0.5mol/L、1mol/L），NaCl（0.23mol/L），乙醇，蒸馏水。

五、实验步骤

1. 三种 MOF 材料的制备

（1）MOF-1 的制备　将 HBCbpyCl 盐（0.1g，0.3mmol）溶解在 6mL 水中，然后使用 1mol/L NaOH 溶液将溶液的 pH 值调节至 7。过滤后，将滤液置于冰箱中，温度为 5℃，得到 BCbpy 的柱状晶体。称取 21mg 的六水合高氯酸镉、29mg 的 BCbpy 和 16mg 的对苯二甲酸溶于 3mL 水溶液中，加入氢氧化钠溶液调节 pH 到 7。室温下采用磁力搅拌器连续搅拌 20min 后转移至反应釜中。反应釜放于烘箱中，设置温度为 110℃，保温反应 3 天，后降温至室温，得到黄色的晶体产物，用体式显微镜观察产物外观。

（2）MOF-2 的制备　称取 20mg 上述得到的 MOF-1 晶体，加入 15mL 的氯化钠溶液（0.23mol/L）中，静置 1 周，得到无色块状晶体产物，观察产物外观。

（3）MOF-3 的制备　称取 20mg MOF-2 晶体，加入 15mL 的氯化钠溶液（0.23mol/L）中，静置 3 天，块状晶体逐步溶解，无色片状晶体产物析出，观察产物外观。

2. 粉末衍射分析

三种晶体样品分别用研钵研为粉末样品，于粉末衍射仪（XRD）测试三种样品的衍射图谱，衍射角度为 5°～50°。

3. 红外光谱

将三种晶体粉末分别与纯溴化钾按照 1∶100 质量比研细混匀，置于模具中，在油压机上压成透明薄片，采用傅里叶变换红外光谱仪测定光谱。

4. 荧光测试

伴随着配合物结构转变，三种化合物表现出有趣的不同荧光响应。室温下，在 365nm 波长激发下，测试化合物的荧光光谱。

六、实验报告

1. 实验目的
2. 实验原理
3. 实验步骤与现象

将实验步骤与现象填入表 1-3-1 中。

表 1-3-1 三种 MOF 晶体合成实验步骤与现象

实验步骤	现象

4. 实验数据处理
5. 实验结果讨论

七、注意事项

（1）实验过程中每种晶体之间的转变时间相对较长，需要通过显微镜认真观察每种晶体的晶型，确保晶体之间转变完全。

（2）在粉末光谱测定时，晶体测试样品需要尽量保证纯相，以对比不同样品的不同出峰位置。

八、参考文献

[1] Ren C X，Zheng A L，Cai L X，et al. Anion-induced structural transformation involving interpenetration control and luminescence switching [J]. Cryst Eng Comm，2014，16：1038.

[2] Jin X H，Ren C X，Sun J K，et al. Reversible luminescence switching between single and dual emissions of bipyridinium-type organic crystals [J]. Chem Commun，2012，48：10422.

[3] Huang S，Li X，Shi X，et al. Structure extending and cation exchange of Cd（Ⅱ）and Co（Ⅱ）materials compounds inducing fluorescence signal mutation [J]. Mater Chem，2010，20：5695.

九、知识拓展

MOF 材料大多具有多孔、大比表面积和多金属位点等诸多性能，因此在化学化工领域得到许多应用，例如气体储存、分子分离、催化、药物缓释等。例如在气体存储方面，有些 MOF 具有特殊的孔道结构，是理想的氢气存储材料，现在 MOF177 在 77K 下的储氢能力已达到 7.5%，当前研究重点是室温下达到高储氢能力的突破。催化方面，MOF 材料的不饱和金属位点可以作为 Lewis 酸位，可以用作催化中心，现已用于氰基化反应、烃类和醇类的氧化反应、酯化反应、Diels-Alder 反应等多种反应，具有较高的活性。除此之外，在医学方面，有些 MOF 材料具有较高的载药量、生物兼容性及功能多样性，可广泛用于药物载体，例如 MIL-100 和 MIL-101 对布洛芬有较好的载药和释放效果。展望未来，MOF 材料无论在品种、性能、合成方法、应用领域，作为一类新型材料，还会进一步发展。

实验四　α-草酸亚铁的制备、铁含量测定及其对罗丹明 B 的降解

一、实验设计

近年来，工业的快速发展，使工业污染成为亟待解决的重大问题，其中，水体系的污染尤其严重。罗丹明 B（RhB）是纺织工业中广泛应用于丝绸、羊毛和皮革染色的最重要的染料之一。但由于生产工艺的控制不力，大量的 RhB 溶液被排放到水体系中，从而对水体环境产生了较大的污染。研究发现，即使 RhB 浓度较低时，也能极大地降低水中气体的溶解度，并干扰阳光渗透进入水中，延缓了水中植物的光合作用，从而抑制水生生物的生长。RhB 复杂的结构和稳定的性质使其能够抵抗生物降解和光降解，属于持久性难降解有机污染物，对环境的危害日趋严重。而且 RhB 污染对公众健康造成严重危害，因为它会对皮肤、眼睛和呼吸道造成一定危害，严重时甚至会致癌。

高级氧化工艺（AOPS）是一项重要的污水处理技术，可以将有机污染物氧化成水和二氧化碳或其他无机物质，降低了废水的毒害，因此受到广泛关注。高级氧化工艺通过添加外界能量（如光能和电能等）和物质（如 O_3 和 H_2O_2 等），然后进行一系列物理或化学反应，产生大量具有强氧化性的·OH，将废水中的有机污染物直接氧化降解。

Fenton 氧化法是由法国科学家 H. J. H. Fenton 在 1894 年首次研究发现的一种高级氧化工艺。Fenton 试剂的作用机理主要是通过过氧化氢（H_2O_2）与 Fe^{2+} 反应产生·OH 来降解有机污染物，而·OH 可以无选择性地对有机物进行氧化降解，最终把有机物氧化为水和二氧化碳或者其他一些无机物。

传统的 Fenton 氧化法反应时间较长，添加药物较多，容易对水体产生二次污染。将可见光和电等引入 Fenton 体系，或是使用一些金属矿物质或其他物质替代 Fe^{2+}，即可在减少试剂用量的情况下同时实现对有机物的高效氧化降解，这种氧化法被称为类 Fenton 氧化法。类 Fenton 氧化法中含铁催化剂和 H_2O_2 之间可以有效地生成·OH 并对有机物进行氧化。降解处理后的含铁催化剂能够很容易地与废水分开，避免二次金属离子污染。

草酸亚铁是一种高效的类 Fenton 催化剂，通过草酸和 Fe^{2+} 配合生成，为淡黄色固体物质，微溶于水。草酸亚铁通过和 H_2O_2 作用，能有效地对 RhB 进行催化氧化降解。

二、实验目的

1. 掌握以硫酸亚铁和草酸为原料制备 α-草酸亚铁及红外表征的相关操作。
2. 掌握高锰酸钾法的标定及其测定草酸亚铁中铁含量的方法。
3. 掌握测定草酸亚铁对罗丹明 B 降解效果的相关操作。

三、实验原理

1. 草酸亚铁合成原理

$$FeSO_4 + H_2C_2O_4 + 2H_2O \longrightarrow FeC_2O_4 \cdot 2H_2O \downarrow + H_2SO_4$$

2. $KMnO_4$ 标准溶液的配制与标定原理

$$2MnO_4^- + 5C_2O_4^{2-} + 16H^+ = 2Mn^{2+} + 10CO_2 + 8H_2O$$

3. 草酸亚铁中铁含量测定原理

$$5Fe^{2+} + 5C_2O_4^{2-} + 3MnO_4^- + 24H^+ = 5Fe^{3+} + 10CO_2 + 3Mn^{2+} + 12H_2O$$

四、仪器与试剂

仪器：烧杯，三口烧瓶，电磁搅拌加热器，玻璃棒，石棉网，酒精灯（煤气灯），滴液漏斗，离心机，红外光谱仪，锥形瓶，称量瓶，滴定管，普通漏斗，移液管，暗箱，紫外-可见分光光度计，表面皿，鼓风干燥箱，研钵，微孔玻璃漏斗或玻璃棉漏斗，棕色细口瓶，分析天平，点滴板。

试剂：七水合硫酸亚铁（$FeSO_4 \cdot 7H_2O$），硫酸（H_2SO_4），草酸（$C_2H_2O_4 \cdot 2H_2O$），溴化钾（KBr），草酸钠（$Na_2C_2O_4$），高锰酸钾（$KMnO_4$），KSCN 溶液，滤纸，pH 试纸，锌粉，罗丹明 B（RhB），过氧化氢（H_2O_2），氢氧化钠（NaOH），去离子水。

五、实验步骤

1. 草酸亚铁的合成与表征

称取 2.8g 七水合硫酸亚铁（$FeSO_4 \cdot 7H_2O$），转移至 250mL 烧杯，加入 100mL 去离子水溶解，得到 0.1mol/L 的 $FeSO_4$ 溶液。

称取 1.26g 草酸，转移至 250mL 烧杯，加入 100mL 去离子水溶解。溶解后，将溶液转移至 500mL 三口烧瓶。滴加 5 滴 H_2SO_4（1.0mol/L）至溶液中以保持溶液 pH＝1～2。将三口烧瓶置于电磁搅拌加热器上，将温度升高至 60℃。将上述 $FeSO_4$ 溶液加入滴液漏斗，控制流速，将其逐滴滴入草酸溶液中，形成 α-草酸亚铁。

滴加完毕后，继续搅拌 30min，使混合物充分反应。然后对产物进行离心分离（转速 5000r/min，3min），之后弃去上清液。用去离子水洗涤数次以除去未反应的离子，最后将产品置于鼓风干燥箱中于 90℃下干燥。干燥后取出，研磨成粉，得到黄色的 α-草酸亚铁样品。

称取少量样品，按 1∶100 的比例与 KBr 粉末混合后，研磨、压片，使用红外光谱仪测量其红外光谱，与草酸亚铁的标准红外光谱进行对比。

2. 草酸亚铁中铁含量的测定

(1) 高锰酸钾标准溶液的配制与标定　称量1.0g固体$KMnO_4$，置于大烧杯中，加水至400mL，煮沸约1h，静置冷却后用微孔玻璃漏斗或玻璃棉漏斗过滤，滤液装入棕色细口瓶中，贴上标签，保存备用，一周后使用。(为节省时间，此步骤可由实验员准备。)

使用分析天平准确称取0.13～0.16g基准物质$Na_2C_2O_4$三份，分别置于250mL的锥形瓶中，加约30mL水和10mL 3mol/L H_2SO_4，盖上表面皿，加热到70～80℃，趁热用标准高锰酸钾溶液滴定。开始滴定时滴加速度必须慢，待溶液中产生了Mn^{2+}后，滴定速度可适当加快，直到溶液呈现微红色并持续半分钟不褪色即终点。根据$Na_2C_2O_4$的质量和消耗$KMnO_4$溶液的体积计算标准$KMnO_4$浓度。用同样方法再滴定其他两份$Na_2C_2O_4$溶液，对结果求取平均值。

(2) 草酸亚铁中铁含量的测定　使用分析天平准确称量所合成的草酸亚铁0.12～0.14g，装入250mL锥形瓶中，加入25mL 2mol/L H_2SO_4溶液，加热至40～50℃，使样品溶解。用已标定的标准$KMnO_4$溶液滴定，溶液由无色变为黄绿色继而最终变为淡紫色并且30s不褪色则达到滴定终点，记录读数。

向此溶液中加入2g锌粉和5mL 2mol/L H_2SO_4溶液，煮沸约10min。用KSCN溶液在点滴板上检验点滴液，如果溶液变红，则应继续煮沸几分钟，若溶液不立刻变红，则继续实验。将锌粉过滤后，滤液转移至另一个锥形瓶中，用10mL 1mol/L H_2SO_4溶液洗涤锥形瓶，将全部Fe^{2+}转移入锥形瓶中。用标准$KMnO_4$溶液滴定至溶液出现微红色即为终点，读出消耗液体的体积。记录数据并计算草酸亚铁中铁的含量。

3. 草酸亚铁对罗丹明B的降解

(1) RhB标准浓度曲线的绘制　RhB在0～6mg/L浓度范围内吸光度严格遵守朗伯-比尔定律(即吸光度和浓度间呈线性关系)，因此可通过紫外-可见分光光度计检测到较低浓度的RhB。RhB水溶液的最大紫外吸收波长约为554nm。

实验员事先配制出10.0mg/L的RhB溶液供学生使用。学生使用移液管量取不同体积的RhB溶液，分别准确稀释至1.0mg/L、2.0mg/L、3.0mg/L、4.0mg/L、5.0mg/L的溶液，并使用紫外-可见分光光度计测量溶液在554nm处的吸光度，将结果绘制成RhB标准浓度曲线。

(2) 草酸亚铁对罗丹明B的降解　在100mL锥形瓶中进行，加入50mL RhB溶液(4.0mg/L)。在反应前，滴加少量H_2SO_4(1.0mol/L)调节溶液的pH值为3。加入0.1g草酸亚铁。将混合物在黑暗环境中搅拌30min后，离开黑暗环境，加入0.5mL的H_2O_2引发反应。观察溶液的颜色变化。实验进行30min后，滴加NaOH(1.0mol/L)溶液将体系的pH值调节至10.0左右终止反应。使用紫外-可见分光光度计测量溶液在554nm处的吸光度，对比RhB浓度曲线即可得出样品中残留的RhB浓度，从而计算RhB的降解率。

六、实验报告

(1) 计算α-草酸亚铁的产率；

(2) 对比 α-草酸亚铁样品的红外光谱与标准样品的红外光谱，指出其特征吸收峰；

(3) 记录标定高锰酸钾的过程中所消耗的基准物质 $Na_2C_2O_4$ 质量，计算高锰酸钾溶液的准确浓度；

(4) 根据计算所得高锰酸钾浓度，结合滴定 α-草酸亚铁样品的数据，计算出 α-草酸亚铁样品中铁的含量；

(5) 绘制出 RhB 标准浓度曲线；

(6) 根据降解反应后的吸光度，在 RhB 标准浓度曲线上读出相应的 RhB 浓度，计算 RhB 的降解率。

七、注意事项

(1) $KMnO_4$ 不是基准物，所以在使用的时候，必须先进行标定。

(2) 用 $KMnO_4$ 滴定 Fe^{2+} 时，溶液中不能带有草酸盐沉淀，否则会影响实验结果。

(3) 用 $KMnO_4$ 滴定 Fe^{2+} 时，注意溶液温度的控制。

(4) 用锌粉将 Fe^{3+} 还原为 Fe^{2+} 时，加入锌粉时要少量分批加入，使锌粉少量过量，过量的锌粉需要仔细除去，否则容易使测定铁质量分数偏高。

八、参考文献

[1] Cheng M, Zeng G, Huang D, et al. Hydroxyl radicals based advanced oxidation processes (AOPs) for remediation of soils contaminated with organic compounds: a review [J]. Chemical Engineering Journal, 2016, 284: 582.

[2] Malato-Rodriguez S, Femfindez P, Maldonado M, et al. Decontamination and disinfection of water by solar photocatalysis: recent overview and trends [J]. Catalysis Today, 2009, 147: 1.

[3] Fenton H J H. Oxidation of tartaric acid in presence of iron [J]. Journal of the Chemical Society, Faraday Transactions, 1894, 65: 899.

[4] 张利，张卫，韩莉，等．草酸亚铁制备及组分测定综合实验之更新探索 [J]. 大学化学，2019，34 (05)：42-45.

[5] 郑明花，金京一．草酸亚铁综合性实验的教学 [J]. 高师理科学刊，2011，31 (01)：105.

[6] 任南琪，周显娇，郭婉茜，等．染料废水处理技术研究进展 [J]. 化工学报，2013，64 (01)：84.

九、知识拓展

草酸亚铁作为一种化工原料，可广泛用于涂料、染料、陶瓷、玻璃器皿等的着色剂、新型电池材料、感光材料的生产，也是合成纳米磁性材料、超级电容器的多孔材料及锂离子电池磷酸铁锂正极材料所需的主要原材料。

随着我国科技的发展，智能手机、笔记本电脑、新能源汽车的需求日益增多，对于电池的需求逐渐增大，对作为合成锂离子电池磷酸铁锂正极材料铁源的草酸亚铁，需求量也在逐年增加。

以草酸亚铁作为正极材料的铁源具有以下优点：

① 草酸盐在合成过程中不易引入杂质相；

② 草酸亚铁合成的磷酸铁锂正极材料结晶度较高且键合力大，有助于稳定合成产物的骨架结构；

③ 草酸亚铁在反应过程中会分解放出气体，可抑制颗粒的团聚和晶粒的长大。

实验五　水杨醛类希夫碱的合成与表征

一、实验设计

希夫碱（Schiff base）的应用非常广泛，涉及催化、分析化学、功能材料、生物和医学等领域，因此对希夫碱进行研究并深入探索它的结构、化合物的稳定性、化学性质、生物特性等有着重要意义。水杨醛系列希夫碱因其具有良好的抑菌和抗氧化性备受瞩目，而水杨醛本身也有良好的药理作用，还应用于止痛、抗炎、抗病毒等方面。目前有机化学实验教材普遍含有制备合成类实验，对化合物的表征涉及较少。本实验的设计涵盖了合成、分离、鉴定等过程，涉及有机化学和仪器分析的基本实验操作，是一个较为综合的化学教学实验。此外，本实验选取了三种不同取代基的水杨醛合成目标产物，更有助于学生将理论课知识与实验结果相结合，作出分析，巩固理论知识。

二、实验目的

1. 学习希夫碱的制备和方法，了解产物的分离操作。
2. 学习红外光谱和核磁共振氢谱仪器的使用方法及图谱解析。

三、实验原理

希夫碱主要是指含有亚胺或甲亚胺特性基团（—RC ═N—）的一类有机化合物，通常希夫碱是由胺和活性羰基缩合而成，具有优良的液晶特性，用作有机合成试剂和液晶材料。其反应机理是通过含有羰基的醛、酮类化合物与一级胺类化合物进行亲核加成反应，其中胺类化合物为亲核试剂，其结构中带有孤电子对的氮原子进攻羰基基团上带有正电荷的碳原子，以完成亲核加成反应，形成中间物 α-羟基胺类化合物，然后进一步脱水形成希夫碱。

通过 2-(甲硫基) 苯胺与含不同取代基水杨醛制备希夫碱的反应方程式如下：

NH_2, SCH_3 ＋ OHC, Br, HO, Br $\xrightarrow[-H_2O]{25℃}$ Br, Br, N═, OH, SCH_3 ＋H_2O

NH_2, SCH_3 ＋ OHC, Cl, HO $\xrightarrow[-H_2O]{60℃}$ Cl, N═, OH, SCH_3 ＋H_2O

NH_2 + OHC / HO $\xrightarrow[-H_2O]{80℃}$ N / OH + H_2O

这类含有N、O、S杂原子的希夫碱具有较强的配位能力，可以和一些过渡金属形成稳定的配合物并表现出良好的性能。

四、仪器与试剂

仪器：分析天平，量筒，烧杯，双颈圆底烧瓶，冷凝管，恒压滴液漏斗，磁力搅拌器，水浴锅，旋转蒸发仪，真空水泵，吸滤瓶，布氏漏斗，搅拌子，药匙，核磁管，玛瑙研钵，油压机，傅里叶变换红外光谱仪（FT-IR），400MHz核磁共振波谱仪。

试剂：3,5-二溴水杨醛，5-氯水杨醛，3,5-二叔丁基水杨醛，2-(甲硫基）苯胺，无水乙醇，乙醚，溴化钾（色谱纯），氘代氯仿。

五、实验步骤

1. 3,5-二溴-*N*-[(2-甲硫醚基）苯基]水杨醛亚胺的制备

称取1.12g 3,5-二溴水杨醛，加入双颈圆底烧瓶中，用15mL无水乙醇溶液溶解，再称取0.56g 2-(甲硫基）苯胺于烧杯中，加入10mL无水乙醇溶液后，将该溶液置于恒压滴液漏斗中，逐滴滴加至3,5-二溴水杨醛溶液中，于室温下搅拌反应4h，可以观察到有大量橙色固体析出，停止反应，将所得产物进行减压过滤，再分别用乙醇和乙醚洗涤3次，干燥，称量，计算产率。产量约1.42g，产率87.2%。

2. 5-氯-*N*-[(2-甲硫醚基）苯基]水杨醛亚胺的制备

称取0.62g 5-氯水杨醛后将其置于双颈圆底烧瓶中，用15mL无水乙醇溶液溶解，再称取0.56g 2-(甲硫基）苯胺，加入10mL无水乙醇溶液，将该溶液置于恒压滴液漏斗内，使液体缓慢滴加到上述5-氯水杨醛溶液中，于60℃下搅拌反应4h，反应完成后，在室温下静置，可观察到黄色针状晶体析出，将所得产物进行减压过滤，再分别用乙醇和乙醚洗涤3次，干燥，称量，计算产率。产量约0.98g，产率88.2%。

3. 3,5-二叔丁基-*N*-[(2-甲硫醚基）苯基]水杨醛亚胺的制备

称取0.94g 3,5-二叔丁基水杨醛于双颈圆底烧瓶中，使其溶于20mL无水乙醇中，再在0.56g 2-(甲硫基）苯胺中加入10mL无水乙醇溶液，置于恒压滴液漏斗中，缓慢滴加到双颈圆底烧瓶中，反应在80℃下回流搅拌6h，反应结束后通过旋转蒸发仪去除少量溶剂，于0℃下静置过夜，观察到黄色片状晶体析出，减压过滤，并依次用乙醇和乙醚洗3次，干燥，称量，计算产率。产量约1.18g，产率82.4%。

4. 实验表征

(1) 红外光谱　将上述实验得到的希夫碱产物分别与纯溴化钾按照 1∶100 质量比研细混匀，置于模具中，在油压机上压成透明薄片，即可用于测定。

(2) 核磁共振氢谱　取 10mg 所得产物溶于氘代氯仿中，并加入至核磁管，通过核磁共振波谱仪测定，化学位移 δ 可参照基准物质 $SiMe_4$ (^1H)。

六、实验报告

1. 实验目的

2. 实验原理

3. 主要试剂及其物理常数

将实验的主要试剂及其物理常数填入表 1-5-1 中。

表 1-5-1　水杨醛类希夫碱合成实验条件

试剂	分子量	熔点/℃	沸点/℃	注意事项

4. 实验步骤与现象

将实验步骤与现象填入表 1-5-2 中。

表 1-5-2　水杨醛类希夫碱合成实验步骤与现象

实验步骤	现象

5. 实验数据处理

(1) 由测定的三种希夫碱红外光谱图，标识并解析谱图中的主要吸收峰。

(2) 对核磁共振氢谱图进行解析，标出对应氢的化学位移及数量。

6. 实验结果讨论

分析讨论不同取代基的水杨醛合成的希夫碱对其红外光谱和核磁共振氢谱对应的吸收峰及化学位移有何影响。

七、注意事项

(1) 注意三种不同取代基水杨醛的反应温度与时间差异。

(2) 在对产物进行分离时，注意要用乙醇和乙醚洗涤干净，否则会产生杂质峰，影响实验表征结果。

八、参考文献

[1] 刘钊，曾灿彪，黄浩，等.3,5-二溴水杨醛缩和4-乙基苯胺希夫碱的合成、表征及其生物活性研究 [J]. 食品工程，2018，(01)：41.

[2] 曹义，陆云.三种水杨醛类希夫碱的合成与性质研究 [J]. 化学通报（印刷版），2017，80 (6)：539.

九、知识拓展

希夫碱是一类重要的配体，它能灵活地选择羰基化合物与不同的胺类进行反应，改变取代基给予体原子本性及其位置，得到种类繁多、结构复杂的化合物，如单齿希夫碱、双齿希夫碱、不对称希夫碱等。希夫碱配位化学中应用最为广泛的配体之一，可以和大多数金属离子配位形成过渡金属（如Cu、Fe、Zn、Ni、V、Mo等）希夫碱配合物，即配体中含有希夫碱特征基团的配合物。结构中同时含有S、O、N等杂原子的希夫碱具有较强的配位能力，与过渡金属形成稳定的配合物具有较强的生理活性，可作为抗菌、抗病毒、抗癌等药物。例如，$RuCl_3 \cdot 3H_2O$和3,5-二叔丁基取代的*N*-(水杨基) 邻巯基苯胺 (L) 为原料可以合成深棕绿色的双核钌化合物 $[Ru_2^{III}(L)_2Cl_2(NCCH_3)_2]$，其晶体结构如图1-5-1所示。

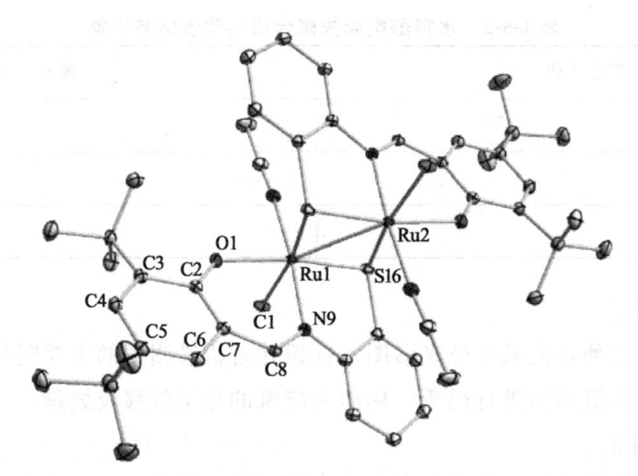

图1-5-1 双核钌化合物 $[Ru_2^{III}(L)_2Cl_2(NCCH_3)_2]$ 的晶体结构

实验六　纳米水性聚氨酯乳液的合成及其性能的测试

一、实验设计

聚氨酯可以看作一种含软链段和硬链段的嵌段共聚物，硬段是由异氰酸酯组成，软段由聚酯或聚醚组成，软硬段交叉相连，构成了聚氨酯的大分子结构。本实验中以异佛尔酮二异氰酸酯（IPDI）为硬段，以聚四氢呋喃醚二醇 PTMG 2000、PTMG 3000 和聚酯二元醇 410 为软段，以 2,2-二羟甲基丙酸（DMPA）为亲水性扩链剂，进行聚合。聚醚性聚氨酯的柔顺性好，聚酯型聚氨酯的强度较高，实验中以聚醚二元醇和聚酯二元醇搭配，作为软段，与异氰酸酯反应，得到既有柔性，又具有一定强度的聚氨酯薄膜。

利用粒径仪对乳液进行测试，获得乳液胶束粒子的粒径大小分布；利用旋片式黏度计测试乳液的黏度；利用红外光谱仪对制成的聚氨酯膜结构进行分析；利用微机控制电子万能试验机测试聚氨酯薄膜的拉伸强度。

二、实验目的

1. 理解水性聚氨酯乳液的反应机理和反应条件。
2. 掌握水性聚氨酯合成的操作方法。

三、实验原理

水性聚氨酯是指聚氨酯分散于水中而形成的胶束。水性聚氨酯的制备方法是将聚酯多元醇或聚醚多元醇先和异氰酸酯（—NCO）反应，再加入扩链剂二羟甲基丙酸（DMPA）进行扩链反应，最后制备成含羧基的水性聚氨酯预聚体。接着在预聚体中加入中和剂三乙胺（Et_3N）进行成盐反应，使得预聚体中的羧基与三乙胺反应生成羧酸铵盐基团，得到高黏度的黏稠液。将高黏度的黏稠液在高剪切力的作用下加入去离子水分散，并加入扩链剂水合肼（N_2H_4），较快进行链增长，最终得到水性聚氨酯乳液。

反应过程如下：

预聚体的合成：

$$OCN—R—NCO + HO\sim\sim\sim HO + HOCH_2\underset{\displaystyle COOH}{\overset{\displaystyle CH_3}{\overset{|}{\underset{|}{C}}}}CH_2OH \longrightarrow$$

$$OCN-R-NH\left[\overset{O}{\overset{\|}{C}}O\sim\sim\sim O\overset{O}{\overset{\|}{C}}NH-R-NH\right]_m\left[\overset{O}{\overset{\|}{C}}OCH_2\underset{COOH}{\underset{|}{\overset{CH_3}{\overset{|}{C}}}}CH_2O\overset{O}{\overset{\|}{C}}NH-R-NH\right]_n$$

$$\left[\overset{O}{\overset{\|}{C}}O\sim\sim\sim O\overset{O}{\overset{\|}{C}}NH-R-NH\right]_x\overset{O}{\overset{\|}{C}}O\sim\sim\sim O\overset{O}{\overset{\|}{C}}NH-R-NCO$$

预聚体的成盐：

$$OCN-R\sim\sim\sim NH\overset{O}{\overset{\|}{C}}OCH_2\underset{COOH}{\underset{|}{\overset{CH_3}{\overset{|}{C}}}}CH_2O\overset{O}{\overset{\|}{C}}NH\sim\sim\sim R-NCO\xrightarrow{TEA}$$

$$OCN-R\sim\sim\sim NH\overset{O}{\overset{\|}{C}}OCH_2\underset{CO\overset{-}{O}\overset{+}{N}H(C_2H_5)_3}{\underset{|}{\overset{CH_3}{\overset{|}{C}}}}CH_2O\overset{O}{\overset{\|}{C}}NH\sim\sim\sim R-NCO$$

小分子扩链：

$$OCN-R\sim\sim\sim NH\overset{O}{\overset{\|}{C}}OCH_2\underset{CO\overset{-}{O}\overset{+}{N}H(C_2H_5)_3}{\underset{|}{\overset{CH_3}{\overset{|}{C}}}}CH_2O\overset{O}{\overset{\|}{C}}NH\sim\sim\sim R-NCO\xrightarrow{H_2N-NH_2}$$

$$\sim\sim\sim NH\overset{O}{\overset{\|}{C}}OCH_2\underset{CO\overset{-}{O}\overset{+}{N}H(C_2H_5)_3}{\underset{|}{\overset{CH_3}{\overset{|}{C}}}}CH_2O\overset{O}{\overset{\|}{C}}NH\sim\sim\sim R-NH\overset{O}{\overset{\|}{C}}NH-NH\overset{O}{\overset{\|}{C}}NH-R\sim\sim\sim NH\overset{O}{\overset{\|}{C}}OCH_2\underset{CO\overset{-}{O}\overset{+}{N}H(C_2H_5)_3}{\underset{|}{\overset{CH_3}{\overset{|}{C}}}}CH_2O\overset{O}{\overset{\|}{C}}NH\sim\sim\sim$$

四、仪器与试剂

仪器：四口烧瓶（250mL），锥形瓶，调温电热器，强力电动搅拌机，四氟搅拌棒，回流冷凝管，温度计，塑料烧杯，分析天平，离心机，培养皿，烘箱，纳米力度分析仪，旋片式黏度计，离型纸，金属打膜棒，红外测试仪，微机控制电子万能试验机。

试剂：聚四氢呋喃醚二醇 PTMG 2000、PTMG 3000，聚酯二元醇 410，2,2-二羟甲基丙酸（DMPA），异佛尔酮二异氰酸酯（IPDI），水合肼（85%），无水丙酮，标定过的盐酸溶液，三乙胺，甲苯-二正丁胺溶液，溴甲酚绿指示剂，去离子水。

五、实验步骤

1. 水性聚氨酯乳液的合成

取 16g PTMG 2000，12g PTMG 3000 及 28g 聚酯二元醇 410 于装配有四氟搅拌棒、温度计、回流冷凝管及磨口塞的四口烧瓶中，启动搅拌，缓慢加热至 60℃并保温 0.5h。

随后加入 42g 异佛尔酮二异氰酸酯（IPDI），维持 60℃继续保温 0.5h，随后升温至 70℃继续反应 0.5h；称取 10.72g 二羟甲基丙酸（DMPA）并加入反应体系中，维持在

70℃继续保温 0.5h；升温至 80℃，保持 0.5h；升温至 90℃，保温 0.5h；最后再次升温至 95℃，反应 15min 左右，取样测定其实际 NCO%的值（理论值为 5.33%），若反应未达到理论 NCO%值，继续反应，每隔 5min 取样测试一次，直至 NCO%测量值接近理论值。至理论值后，降温，预聚体冷却至 60℃时加入适量丙酮进行稀释，以降低体系的黏度，同时控制搅拌速度避免搅拌过快，直到预聚体完全或者基本溶解在丙酮溶液之中。

冷至 30℃左右时，加入 8.09g 三乙胺，成盐搅拌 10～15min。

将成盐后的预聚体转入至 1000mL 塑料烧杯中，高速搅拌下分别加入 4.76g 水合肼（85%），283g 去离子水进行分散，持续搅拌 10min，得到固含量约为 30%的浅蓝色水性聚氨酯乳液。

2. 测试、表征

固含量：取质量为 m_1 的洁净培养皿，加入适量水性乳液后质量为 m_2，置于烘箱中，120℃烘至质量不再变化，静置、冷却、称重的总质量为 m_3。固含量：

$$w=\frac{m_3-m_1}{m_2-m_1}\times 100\%$$

乳液粒径测定：纳米力度分析仪测定。

乳液黏度：旋片式黏度计测定。

水性聚氨酯薄膜拉伸力测试：取水性聚氨酯乳液于离型纸一端，以金属打膜棒（两末端与中间高度差为 0.15mm）从一端用力均匀推到离型纸另一端后，置于烘箱中，105℃烘 10min，取出后，再次取适量乳液于在烘干的膜上，重复打膜一次，烘干冷却后将膜从离型纸表面剥离，得到水性聚氨酯薄膜。按 GB/T 1040.3—2006 方法，使用微机控制电子万能试验机测试拉伸力。

傅里叶变换红外分析：直接对样品膜进行扫描，对得到的 IR 谱图进行分析。

六、实验报告

1. 实验目的
2. 实验原理
3. 实验仪器与试剂
4. 实验步骤
5. 实验数据处理
6. 实验结论
7. 实验反思

七、注意事项

（1）在预聚体合成步骤中，异氰酸酯对水敏感，所有装置均需干燥。

（2）测定 NCO%值的方法：先称干燥空锥形瓶的质量，然后取少量样品于锥形瓶中，用分析天平准确测量其质量后，加入 10～15mL 丙酮使样品完全溶解后，加入 1mL 的甲苯-二正丁胺、2～3 滴 1%溴甲酚绿作为指示剂，摇晃均匀后，用已标定的 0.5mol/L 的盐酸溶液滴定，由蓝色变为黄色，即为终点。

(3) 分散步骤中，需要用高剪切力搅拌棒进行高速分散。

八、参考文献

[1] 丛树枫，喻露如．聚氨酯涂料 [M]．北京：化学工业出版社，2003：139.

[2] 李绍雄，刘益军．聚氨酯胶黏剂 [M]．北京：化学工业出版社，2003.

九、知识拓展

水性聚氨酯乳液是指聚氨酯溶于水或分散于水中而形成的乳液。水性聚氨酯以水为基本介质，具有不燃、气味小、不污染环境等优点。

水性聚氨酯乳液由于具有良好的综合性能，目前已广泛用于服装、鞋业、皮包、家庭用品和家具、汽车和交通设施以及纺织助剂、造纸业助剂、涂料和黏合剂等领域。水性聚氨酯作为涂层剂、整理剂在纺织品中有广泛的应用。用作纺织物面料涂层，具有成膜性能好，遮盖力强，粘接牢固，涂层光亮、耐洗、耐磨、挺拔、防皱、手感好、防水，提高染色度和耐湿擦能力强的特点；能赋予织物柔软、丰满的手感，改善织物耐磨性、抗皱性、回弹性、通透性和耐热性等。

常用的二异氰酸酯有 TDI、MDI 等芳香族类以及 IPDI、HDI、H_{12}MDI 等脂肪族、脂环族二异氰酸酯。后者制成的聚氨酯耐水解性比前者好，本实验中的二异氰酸酯为 IPDI。

低聚物多元醇一般以聚醚二元醇、聚酯二元醇较多，有时还可以使用聚醚三元醇、聚碳酸酯二元醇。其中聚碳酸酯型聚氨酯耐水解、耐候、耐热性好，但其价格较高，限制了它的广泛应用。

实验七　胡萝卜中总胡萝卜素的提纯、测定及分子结构优化

一、实验设计

胡萝卜素是一类主要由8个类异戊二烯单位组成的萜类化合物，且大多存在两侧对称的多个双键结构，因此具有较强的还原能力以及电子转移能力。胡萝卜素有广泛的研究价值：蔬果花卉呈色、果实营养品质、抗衰老抗氧化等。

本实验的设计涵盖了天然产物的提取、分离、纯化等过程，涉及有机化学和分析化学的基本实验操作。此外，本实验利用Gaussian软件对总胡萝卜素中α，β，γ-胡萝卜素的结构分别进行分子建模并进行简单优化，使学生对其共轭结构有更深入的认识，是一个较为综合的化学教学实验。

二、实验目的

1. 掌握1∶9乙醇-石油醚作为提取剂提纯总胡萝卜素的方法。
2. 巩固萃取、提纯的基本操作。
3. 巩固分光光度计测量样品总胡萝卜素的方法。
4. 掌握应用Gaussian软件进行分子结构建模和结构优化的基本方法。

三、实验原理

胡萝卜含有丰富的胡萝卜素，是一种营养价值较高的蔬菜。胡萝卜素被人体摄取后可转变为维生素A，是人体有价值的营养素并且具有一定的抗癌作用。因此，胡萝卜中总胡萝卜素含量的多少是评价胡萝卜优劣的重要指标和开发利用胡萝卜资源的主要依据。

胡萝卜素的结构中含有相同的多烯链，主要有α，β，γ等异构体。β-胡萝卜素在胡萝卜素中分布最广，含量最多，熔点176～180℃，在众多异构体中最具有维生素A的生物活性。β-胡萝卜素不溶于水，溶于苯、氯仿、二硫化碳等有机溶剂。由于胡萝卜素的分子结构中存在类异戊二烯共轭双键，故吸光性能强，在400～500nm内有强的吸收，能呈现出红色、橙色、黄色。胡萝卜素遇氧、遇酸、强光照及高温下不稳定，易降解变化或异构化，在碱性条件下一般较稳定，碱性皂化处理是类胡萝卜素提取工艺中常用步骤。

四、仪器与试剂

仪器：小型食品加工机，分光光度计，分液漏斗，容量瓶，Gaussian软件，烘箱，滤

纸，研钵。

试剂：石英砂，石油醚，无水乙醇，总胡萝卜素（标样），氯仿，蒸馏水。

原料：胡萝卜。

五、实验步骤

1. 样品处理

将新鲜胡萝卜洗净、擦干，切去尾部，处理成不同类型的样品备用：

① 切成小块放入食品加工机中打碎。

② 取打碎样品 100g，加入 100mL 蒸馏水，制成糊状。

③ 称取一定重量的打碎样品，用滤纸包好放入 60℃烘箱内烘干，研成粉末。

2. 样品提取

取事先处理好的胡萝卜浆 3g 于小研钵中，加入少量石英砂，再用 5mL 乙醇-石油醚（1∶9）混合液研磨提取数次至没有黄色为止，把每次研磨的提取液合并转入盛有 70～80mL 水的 250mL 分液漏斗中，振摇 1min，静置 5min，待水相与醚相明显分层，除去水相，将醚相转移至 25mL 容量瓶中，再向分液漏斗内倒入少量石油醚，倾斜转动分液漏斗，将壁上粘的提取液全部溶在石油醚中。

3. 定容

用石油醚定容至 25mL，即为总胡萝卜素的提取液。

4. 标准曲线的绘制

称 20mg 总胡萝卜素（标样），加 2mL 氯仿，然后以石油醚定容至 50mL，即浓度为 0.4mg/mL，临用配制，取该液 1mL 用石油醚定容 10mL（40μg/mL），再分别取此液 0.3mL、0.4mL、0.5mL、0.6mL、0.8mL、1.0mL，用石油醚定 4mL，此时浓度梯度为 3μg/mL、4μg/mL、5μg/mL、6μg/mL、8μg/mL、10μg/mL，以石油醚为空白样进行扫描，于 448nm 处测吸光度值绘标准曲线，以总胡萝卜素含量为横坐标，以吸光度为纵坐标绘制标准曲线。

5. 测试

分光光度计中测量样品总胡萝卜素浓度，并计算样品中总胡萝卜素含量。

6. 分子结构模拟

Gaussian 软件搭建 α，β，γ-胡萝卜素的结构，并进一步优化其结构。

六、实验报告

1. 实验目的
2. 实验原理
3. 主要试剂及其物理常数

将主要试剂及其物理常数填入表 1-7-1 中。

表 1-7-1 总胡萝卜素的提纯、测定实验条件

试剂	分子量	熔点/℃	沸点/℃	注意事项

4. 实验步骤与现象

将实验步骤与现象填入表 1-7-2 中。

表 1-7-2 总胡萝卜素的提纯、测定实验步骤与现象

实验步骤	现象

5. 实验数据处理

6. 实验结果讨论

七、注意事项

植物油和高脂肪样品：需先皂化，取适量样品（<10g），加脱醛乙醇 30mL，再加 10mL 1∶1 氢氧化钾溶液，回流加热 30min，然后用冰水使之迅速冷却，皂化后样品用石油醚提取，直至提取液无色为止。

原国标方法中，不是所有的样品均进行皂化处理。但是许多植物性样品由于细胞壁较厚，在匀浆或研磨过程中不易完全破坏，使胡萝卜素无法完全释放。并且尽管植物性样品中脂肪含量较少，但仍含有一定脂质成分，如果不进行皂化，会出现提取不完全和提取时出现乳化现象，浓缩时残留脂质，使定容体积不准确。

八、参考文献

[1] 中华人民共和国国家卫生和计划生育委员会，国家食品药品监督管理总局．食品安全国家标准：食品中胡萝卜素的测定：GB/T 5009.83—2016 [S]. 北京：中国标准出版社，2016：12.

[2] 黄秋婵，许元明，韦友欢．改进胡萝卜素测定方法的探讨 [J]. 黑龙江农业科学，2013，6：108.

[3] 曹梦锦，张雪松，王晓婧，等．蔬菜中胡萝卜素测定方法的改良 [J]. 卫生研究，2016，45 (3)：477.

[4] 张建华，张忠兵，乌云．胡萝卜中 β-胡萝卜素测定的方法 [J]. 内蒙古农业大学学报，2000，1：121.

九、知识拓展

胡萝卜是古代从国外引种而来的一种根茎类植物，所以古代人给它冠以一个“胡”字。而胡萝卜素的得名，则与胡萝卜的颜色有关。胡萝卜的橘红色色素后来被化学家分析出来是一种化学物质，因此人们就将它命名为胡萝卜素，并一直沿用到今天。含有丰富胡萝卜素和多种微量营养素的胡萝卜是常见的一种蔬菜，不仅是营养食品，而且具有防癌等功能，开发天然胡萝卜素食品已经成为国际潮流。

迄今，被发现的天然类胡萝卜素已达700多种，根据化学结构的不同可以将其分为两类，一类是胡萝卜素（只含碳氢两种元素，不含氧元素，如β-胡萝卜素和番茄红素），另一类是叶黄素（有羟基、酮基、羧基、甲氧基等含氧官能团，如叶黄素和虾青素）。β-胡萝卜素在胡萝卜素中分布最广，含量最多，在众多异构体中最具有维生素A生物活性。

Gaussian软件是一个功能强大的量子化学综合软件包。其主要功能：结构优化和能量的计算、反应路径的模拟、分子轨道、原子电荷和电势、振动频率、红外和拉曼光谱、核磁性质等性质的模拟，常与Gaussview连用。

Gaussian软件搭建α，β，γ-胡萝卜素的结构后，可进一步进行结构优化和模拟其红外光谱，比较其结构和红外吸收性质之间差异。

实验八　有机二氟化硼配合物的合成及压致变色性能表征

一、实验设计

有机压致变色材料是一类刺激响应智能材料，在外力如机械力（碾磨、刮擦和剪切等）、热处理（加热和冷却）和溶剂熏蒸等作用下，其荧光光色发生明显的可逆变化。该类材料在发光器件、荧光开关、应力传感、数据存储和防伪等方面具有潜在的应用价值。研究发现，在外力作用下，压致变色材料分子的单分子构象、分子堆积结构及分子间相互作用的变化是引起荧光光色改变的主要原因。在本次实验设计中，我们以有机二氟化硼配合物为例，通过一个简单实验，来呈现压致变色材料的合成、压致变色性能表征和机理研究过程，加深对压致变色材料相关研究的了解，提升专业知识水平和调动科研兴趣。

本实验原料易得，反应条件温和，实验操作简单，反应收率高。压致变色现象明显，通过荧光光谱与X射线粉末衍射测试相结合，探讨压致变色机理，可以拓展学科知识。实验内容涉及有机化学（合成理论及操作、结构表征）、仪器分析（大型仪器如荧光光谱仪、X射线衍射仪）等课程多个知识点，可以作为本科生综合实验。

二、实验目的

1. 掌握有机二氟化硼配合物的合成和结构表征。
2. 了解压致变色性能的表征方法。
3. 了解压致变色机理的研究方法。

三、实验原理

有机二氟化硼配合物是一类智能材料，其荧光光色在外界刺激如加热、碾磨和溶剂熏蒸下发生明显变化，属于压致变色材料，在应力传感、检测等领域具有较好的应用前景。

本实验以阿伏苯宗（AVB）和三氟化硼为原料，在二氯甲烷中通过一步反应，制得目标化合物阿伏苯宗二氟化硼（BF_2AVB），反应方程式如图1-8-1所示：

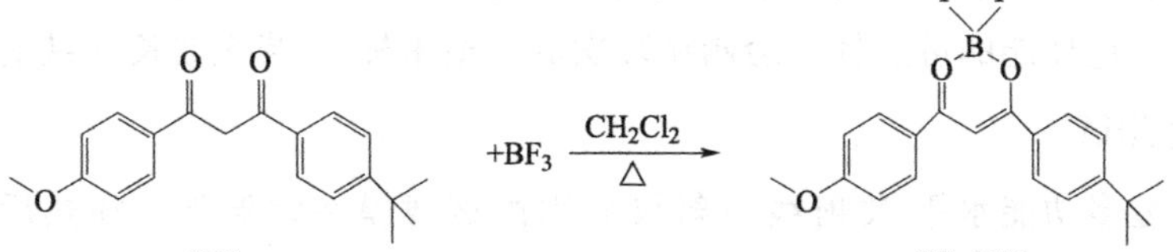

AVB $+BF_3 \xrightarrow[\triangle]{CH_2Cl_2}$ BF_2AVB

图1-8-1　BF_2AVB的合成路线

本实验分为三大模块，分别是材料的合成与表征、压致发光变色性能测试和压致变色机理研究，可以根据实验时长来选择合适的模块组合。

四、仪器与试剂

仪器：集热式磁力搅拌器，旋转蒸发仪，WFH-204B手提式紫外灯，Bruker 400M核磁共振仪，Horiba Fluoromax-4荧光光谱仪，Ultima Ⅳ组合型多功能水平X射线衍射仪，三颈烧瓶，漏斗，球形冷凝管，干燥管，油浴锅，薄层层析板，圆底烧瓶，玻璃板，石英片，研钵。

试剂：阿伏苯宗[1-(4-叔丁基苯基)-3-(4-甲氧基苯基)-1,3-丙二酮，98%]，三氟化硼乙醚配合物（50%），二氯甲烷，丙酮，乙酸乙酯，石油醚。

五、实验步骤

1. BF_2AVB的合成

在干燥的250mL三颈烧瓶中，用漏斗加入4.0g阿伏苯宗（12.9mmol）、100mL二氯甲烷、2.20mL三氟化硼乙醚（15.5mmol），加毕，得到淡黄色溶液。放入磁子，再将三颈烧瓶装上球形冷凝管与干燥管，于60℃油浴中回流反应，通过薄层层析板监测反应进程，展开剂为乙酸乙酯和石油醚（体积比=1∶5），反应时间约为1h。

待反应液冷却至室温，将溶液倒入250mL圆底烧瓶中，在旋转蒸发仪上减压蒸干溶剂，得到黄色固体3.99g，即粗产品（收率85.1%）。取0.5g粗产品，加入丙酮重结晶，接上球形冷凝管，在油浴中加热回流，分批加入适量丙酮（约30mL），直至固体恰好完全溶解。撤去油浴，趁热过滤，滤液冷却，静置结晶，抽滤，得到黄色晶体0.3g。取样测^1H NMR谱，溶剂为$CDCl_3$。

2. BF_2AVB的压致变色性能测试

（1）趣味实验　取1mg BF_2AVB，用10mL二氯甲烷溶解。用画笔蘸取BF_2AVB的二氯甲烷溶液，均匀涂抹在普通玻璃板上，待二氯甲烷挥发形成薄膜后，在玻璃板上绘制图案。绘制完成，加热玻璃板（150℃加热1min）。分别在紫外灯下（365nm）显色。

（2）薄膜压致变色性能测试　蘸取上述BF_2AVB的二氯甲烷溶液均匀涂抹在石英片上，待二氯甲烷挥发形成薄膜后，分别测试常温薄膜、加热后（150℃加热1min）和加热后碾磨的薄膜的荧光发射光谱，激发波长为350nm，激发和发射的狭缝均设置为1nm，记录数据并绘制荧光光谱图。将碾磨后的薄膜继续加热（150℃加热1min），重复以上步骤，考查压致变色性能的可逆性，绘制循环次数（横坐标）-荧光波长（纵坐标）图。

3. X射线衍射测试

采用组合型多功能水平X射线衍射仪分别测试薄膜在常温下、加热后（110℃加热1min）和加热研磨后晶型，记录数据并作图。根据薄膜在不同外界刺激作用的晶型变化，探讨压致变色机理。

六、实验报告

1. 实验目的
2. 实验原理
3. 主要试剂及其物理常数

将主要试剂及其物理常数填入表 1-8-1 中。

表 1-8-1 有机二氟化硼配合物的合成实验条件

试剂	分子量	熔点	沸点	注意事项

4. 实验步骤与现象

将实验步骤与现象填入表 1-8-2 中。

表 1-8-2 有机二氟化硼配合物的合成实验步骤与现象

实验步骤	现象

5. 实验数据处理
6. 实验结果讨论

七、注意事项

(1) 由于溶剂具有挥发性，反应要在通风橱中进行。

(2) 精密仪器的使用应按照相关仪器的操作规程进行。

八、参考文献

[1] Zhang G，Lu J，Sabat M，et al. Polymorphism and reversible mechanochromic luminescence for solid-state difluoroboron avobenzone [J]. J Am Chem Soc，2010，132：2160.

[2] Huang B，Jiang D，Feng Y，et al. Mechanochromic luminescence and color-tunable light-emitting devices of triphenylamine functionalized benzo [d，e] benzo [4，5] imidazo [2,1- a] isoquinolin-7-one [J]. J Mater Chem C，2019，7：9808.

九、知识拓展

迄今为止，与数量众多的有机荧光材料相比，有机压致变色材料的种类和数量还比较稀少，还有待进一步开发新品种，总结和提出压致变色材料的分子设计策略。由于压致变色现象的发现和发展时间并不长，压致变色的机理还不完全清楚，尚需要开展更深入的研究，来阐明变色机理。同时，压致变色材料的应用目前还十分有限，但是潜力巨大，还有待更进一步的探索。

实验九 橙油的两种实验室提取法

一、实验设计

天然产物是一类从自然界存在的生物体内分离、提取得到的有机化合物，种类繁多。多数天然产物具有特殊的生物活性，可用于药物、香料和燃料等领域。天然产物的分离、提纯和鉴定是有机化学中一个十分活跃的领域。随着现代色谱和波谱技术的发展，对天然产物的分离和鉴定变得更加有利和方便。本实验介绍了橙油的两种实验室提取分离方法。

二、实验目的

1. 学习从橘子皮或橙皮中提取橙油的原理和方法。
2. 学习水蒸气蒸馏的原理和基本操作。
3. 掌握索氏提取器法的原理和基本操作。
4. 掌握旋光率的测定方法。

三、实验原理

精橙油是存在于柑橘类果皮细胞中的芳香油，是从植物组织中得到的挥发性成分的总称。橙皮油是一种天然香精油，大多具有令人愉快的香味，具有一定的沸点和挥发性，为黄色或橙色液体，相对密度为 0.848～0.853（15℃），折射率为 1.473～1.475，旋光度为 ＋88°～＋98°，不溶于水，溶于乙醇和冰醋酸，其主要成分是 D-柠檬烯（含量在 90％以上），并含有癸醛。柠檬烯的分子式为 $C_{10}H_{16}$，结构式为：

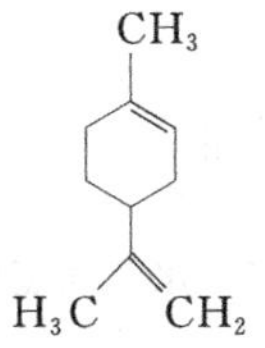

CH_3

H_3C CH_2

D-柠檬烯

D-柠檬烯的沸点为 178℃，旋光度＋125.6°，属单环单萜类化合物，广泛存在于自然界中，如柠檬油、橙皮油、薄荷油、橡树油、松节油和松针中，是旋光活性物质。右旋苧烯是一种比较稳定的物质，可在常压下蒸馏而不分解，因具有柠檬的香味，可用作饮料、食品、牙膏、肥皂等的香精。

水蒸气蒸馏法和索氏提取法是实验室提取天然香料最简单、最常见的方法。水蒸气蒸馏法是指将水蒸气通入有机物中，或将水与有机物一起加热，使有机物与水共沸而蒸馏出来的操作。索氏提取法，又名连续提取法，是从固体物质中萃取化合物的一种方法。

四、仪器与试剂

仪器：水蒸气蒸馏装置，索氏提取装置，蒸馏装置，水浴装置，旋光仪，圆底烧瓶，分液漏斗，冷凝管，提取器。

试剂：二氯甲烷，无水硫酸钠，无水乙醇，水。

原料：新鲜橙子皮（橘子皮）。

五、实验步骤

1. 水蒸气蒸馏法

将4～6个鲜橙子（橘子）皮剪碎，称重，置于一个500mL圆底烧瓶中，并加入100mL热水，在圆底烧瓶上安装水蒸气蒸馏装置，如图1-9-1所示。加热让水蒸气自蒸馏装置通入圆底烧瓶中，维持稳定蒸馏，收集100～150mL馏出液。

将馏出液移至分液漏斗中，每次加10mL二氯甲烷萃取两次，弃去水层，用无水硫酸钠干燥萃取液，抽滤得到滤出液。改为蒸馏装置，蒸出大部分溶剂，将剩余液体移至一支试管中，继续在水浴上小心加热，浓缩至完全除尽溶剂为止，擦干试管外壁，称重。以鲜橙（橘）皮重量为基准，计算橙皮油的回收率。

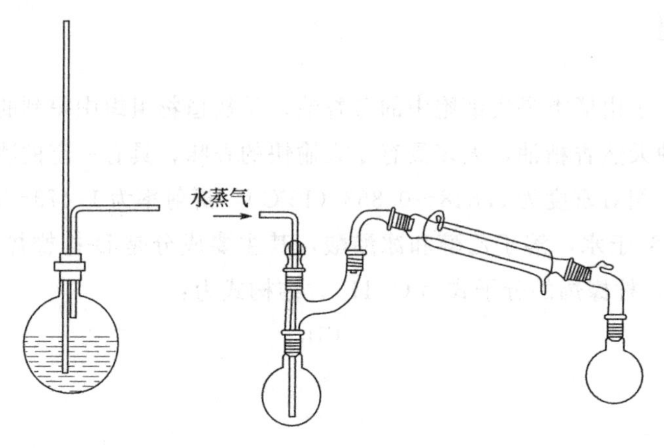

图1-9-1　水蒸气蒸馏装置

2. 索氏提取法

实验室中常用索氏提取器提取（图1-9-2），操作时先在圆底烧瓶内放入2～3粒沸石，然后将剪成极小碎片后的4～5个新鲜橙子皮（橘子皮）装入滤纸袋中，封好上下口，置于提取器中，其高度应低于虹吸管顶部，自冷凝管加250mL无水乙醇入烧瓶内，用水浴加热。溶剂受热沸腾时，蒸气通过蒸气上升管进入冷凝管内，被冷凝为液体，滴入提取器中，接触橙子皮（橘子皮）开始进行浸提并萃取出部分橙油，待溶剂液面高于虹吸管的最高点时，在虹吸作用下，浸出液体流入烧瓶，溶剂在烧瓶内因受热继续气化蒸发，如此不断循环 2～3h，致使橙子皮（橘子皮）中的橙油富集到烧瓶中，然后将萃取液滤入圆底烧瓶中，安装蒸馏装置，用水浴加热蒸馏，通过蒸馏除去溶剂乙醇后即可得到少量橙黄色的橙油。

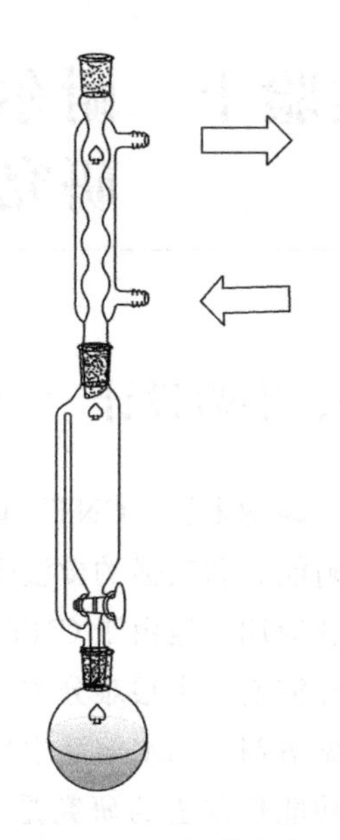

图 1-9-2 回流提取装置

3. 旋光率的测定

旋光率的测试是在乙醇溶液中进行的，需要将两次实验收集的橙油合并，以得到足够数量。用 95％乙醇配成 5％溶液测定旋光率，并与标准溶液对比。

六、实验报告

1. 实验目的
2. 实验原理
3. 实验仪器与试剂
4. 实验步骤和现象
5. 数据处理和分析
6. 实验结论

七、注意事项

(1) 橙子皮要新鲜，剪成小碎片。

(2) 可以使用食品绞碎机将鲜橙皮绞碎，之后再称重，以备水蒸气蒸馏使用。

八、参考文献

[1] 王玉兰．实验室提取橙油的两种方法 [J]．内蒙古石油化工，2012，11：24.

九、知识拓展

橙皮精油具有抗菌、抗氧化及净化功能，可以给皮肤补充水分，收缩毛孔，被广泛应用在食品、香精及日常生活，其主要成分 D-柠檬烯具有抗癌、抑制胆固醇合成的作用。

实验十　耐尔蓝-碳纳米管复合物的制备及其性能研究

一、实验设计

碳纳米管（CNT）以其具有独特的金属或半导体导电性、极高的机械强度、良好的吸附能力和较强的微波吸收特性等物理化学性能以及可作为准一维功能材料而受到广泛关注和应用。但由于CNT具有高度的稳定性，一般情况下几乎不溶于任何溶剂，甚至在大部分溶剂中也很难分散，这严重影响了对它的应用研究和应用范围。为了使CNT在一般常见溶剂（如水溶液中）中能具有很好的分散性能，开展对其表面（包括端部）进行修饰或功能化方法的研究是非常重要和必要的。本实验将具有电活性的耐尔蓝（Nile blue，NB）分子通过吸附的方法修饰到CNT表面后形成纳米复合物（记作NB-CNT），考察所得纳米复合物在水溶液中的分散性能，同时还研究其电化学特性以及对β-烟酰胺腺嘌呤二核苷酸（NADH）的电催化作用。

二、实验目的

1. 掌握耐尔蓝-碳纳米管纳米复合物的制备方法。
2. 掌握电化学工作站的使用方法。
3. 学习利用循环伏安法对目标检测物进行定量分析。

三、实验原理

耐尔蓝是一种常用的生物染色剂，为绿色结晶性粉末，具有金属光泽。溶于水呈蓝色，可用作酸碱指示剂，被广泛应用于印染工业。耐尔蓝的分子式为$C_{40}H_{40}N_6O_2 \cdot O_4S$，结构式为：

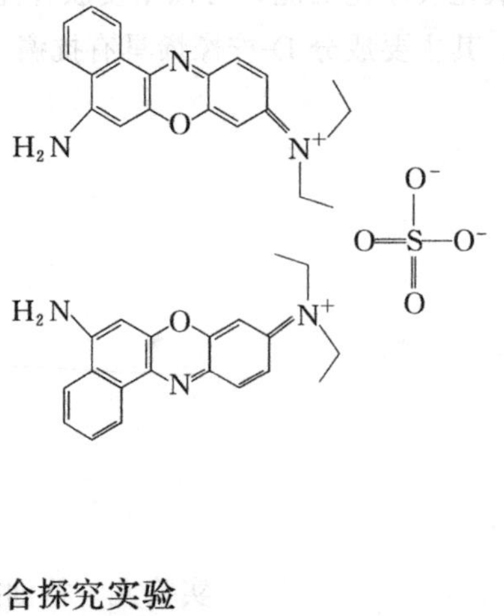

由于其结构中具有活性中心，因此可用来修饰 CNT 的表面从而增强 CNT 在水中的分散能力和稳定性，改善其表面性质，促进电子传递。

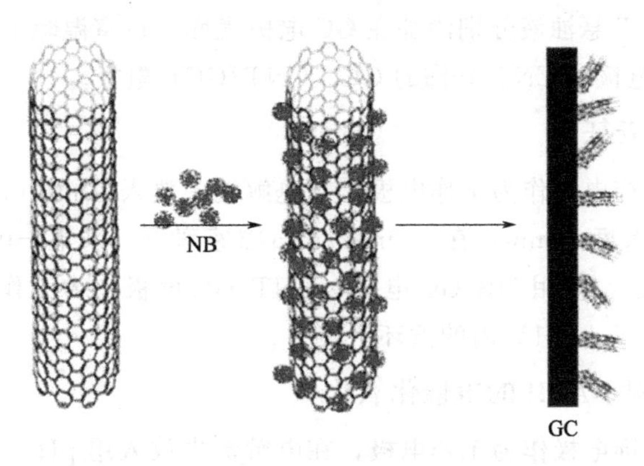

图 1-10-1 耐尔蓝修饰 CNT 表面示意图

NADH 是一种重要的生物小分子，是 300 多种脱氢酶的辅酶，但其在裸电极（如 GC、Pt 电极等）上的氧化过电位极高（达 0.7～1.0V 之多）。文献报道一些吩嗪类和吩噁嗪类染料分子能大幅降低 NADH 的氧化过电位，有序的单壁碳纳米管也能有效地降低 NADH 的氧化过电位，当用耐尔蓝对 CNT 表面进行功能化形成 NB-CNT 复合物后（图 1-10-1），对 NADH 电化学氧化具有协同催化作用。此方法具有功能化简单快速、电极制作容易以及催化效率高等优点。

四、仪器与试剂

仪器：CHI 电化学工作站，三电极系统（玻碳电极，饱和甘汞电极，铂丝电极），紫外-可见（UV-Vis）分光光度计，红外光谱仪（IR），超声分散仪，玻璃棒，微孔膜过滤器，砂纸，微量加样器。

试剂：多壁碳纳米管，耐尔蓝，Al_2O_3 粉，无水乙醇，磷酸盐缓冲溶液（PBS），NADH，去离子水。

五、实验步骤

1. CNT/GC、NB/GC、NB-CNT/GC 电极的制作

将 5mg CNT 用超声分散法分散在 1mL 含 5mmol/L NB 的水溶液中，室温搅拌 20min 后，用微孔膜过滤，并用水洗涤至少 3 次以洗去没有吸附或吸附比较松散的 NB 分子，然后室温真空晾干后得到 NB 功能化的 CNT（即 NB-CNT）。

在将 NB-CNT 固定在 GC 电极表面之前，GC 电极（直径为 3mm，CHI）先分别用 6 号砂纸、0.3μm 和 0.05μm Al_2O_3 粉抛光至镜面，然后分别在无水乙醇和二次蒸馏水中超声清洗各 1min。将 0.5g NB-CNT 均匀地分散在 1mL 水中，得到 0.5mg/mL 的 NB-CNT 悬浊液，用微量加样器将 2μL NB-CNT 的悬浊液滴加到经上述处理的 GC 电极表面，在

室温下待溶剂（水）挥发后，NB-CNT 即能牢固且均匀地附着在 GC 电极表面形成 NB-CNT/GC 电极。

将 NB 溶液和 CNT 悬浊液分别滴加在 GC 电极表面，在室温晾干后，可分别得 NB 修饰的 GC（NB/GC）电极和 CNT 修饰的 GC（CNT/GC）电极。

2. NB-CNT 的电化学表征

使用 NB-CNT 修饰电极作为工作电极，在电解池中放入 10mL 0.1mol/L pH7.0 的磷酸盐缓冲溶液，通氮除氧 15min，在 100mV/s 扫描速率下，采集－0.8～＋0.1V 内的循环伏安图。相同条件下，使用 NB/GC 电极、CNT/GC 电极作为工作电极在 100mV/s 扫描速率下，采集－0.8～＋0.1V 内的循环伏安图。

3. NB-CNT/GC 电极对 NADH 的电催化氧化

使用 NB-CNT 修饰电极作为工作电极，在电解池中放入用 pH＝7.0 的磷酸盐缓冲溶液配制成的 2mmol/L NADH 溶液中，通氮除氧 15min，在 10mV/s 扫描速率下，采集－0.6～＋0.3V 内的循环伏安图。相同条件下，使用 NB/GC 电极、CNT/GC 电极作为工作电极测定 2mmol/L NADH 溶液，在 10mV/s 扫描速率下，采集－0.6～＋0.3V 内的循环伏安图。

六、实验报告

1. 实验目的
2. 实验原理
3. 实验数据处理

（1）对碳纳米管、NB-CNT 的紫外光谱、红外光谱进行比较，并讨论官能团的变化情况。

（2）NB-CNT 电极的循环伏安表征　将测量数据及计算结果填入表 1-10-1 中。

表 1-10-1　循环伏安数据表（一）

电极	E_c/V	E_a/V	i_c/μA	i_a/μA
GC				
NB/GC				
CNT/GC				
NB-CNT/GC				

（3）NB-CNT/GC 电极对 NADH 的电催化氧化　将测量数据及计算结果填入表 1-10-2 中。

表 1-10-2　循环伏安数据表（二）

电极	E_c/V	E_a/V	i_c/μA	i_a/μA
GC				
NB/GC				
CNT/GC				
NB-CNT/GC				

4. 实验结果讨论

七、注意事项

（1）由于 CNT 不能很好地分散在水中，可将 CNT 分散在 DMF（*N*,*N*-二甲基甲酰胺）中。

（2）NB 吸附力很强，使用时需要控制反应时间。

（3）在做电催化氧化时扫描速率要慢。

（4）用修饰电极进行循环伏安扫描时，溶液中的溶氧对电流信号的强度存在影响。在做循环伏安扫描前，要保证体系充分通氮除氧，并使体系始终处于相对密闭的环境；后续的实验过程中，也应尽量避免体系中的溶液与外界空气的接触。

八、参考文献

[1] Wang Z, Luo G A. The progress of carbon nanotube in analytical chemistry [J]. Chin J Anal Chem, 2003, 31: 1004.

[2] 杜攀，石彦茂，吴萍，等. 碳纳米管的快速功能化及电催化 [J]. 化学学报，2007，65：1.

[3] Chen J, Cai C X. Direct electrochemical oxidation of NADPH at a low potential on the carbon nanotube modified glassy carbon electrode [J]. Chin J Chem, 2004, 22: 167.

九、知识拓展

碳纳米管自问世以来，由于其独有的结构和奇特的物理、化学特性，成为世界范围内的研究热点之一。其优良特性包括：各向异性、高的机械强度和弹性、优良的导热导电性等。随着 CNT 的合成技术和纯化方法的不断完善，人们开始把注意力转向应用研究，进行了很多探索。碳纳米管独特的分子结构使其具有显著的电子特性，在很多领域得到广泛而深入的研究。如：场发射器件、储氢材料、锂离子电池、超级电容器、超强复合材料等。但由于碳纳米管具有高度的稳定性，一般情况下不溶于任何溶剂，甚至在大部分溶剂中也很难分散，在很大程度上制约了其应用研究。近年来，碳纳米管的功能化成为纳米领域一大研究热点。通过对碳纳米管进行功能化，使其在某些溶液环境或者纳米复合材料中的分散度得到明显改善，并且为碳纳米管的分离或提纯提供了更为有利的条件。碳纳米管的功能化研究已逐步发展成为制备具有某些特定功能的碳纳米管及其复合材料的手段。功能化后的碳纳米管不仅保持了原有的特异性质，而且还表现出修饰基团参加反应的活性，为碳纳米管的分散、组装及表面反应提供了可能，从而引起了科学家的极大兴趣，也使得碳纳米管在纳米材料的舞台上更加活跃。

1. 碳纳米管的基本结构

碳纳米管的结构可认为是由单层或两层以上极细小的圆筒状石墨片形成的中空碳笼管。按碳纳米管的层数分类，有单壁碳纳米管（SWNT）和多壁碳纳米管（MWNT）两种形式。SWNT 由单层石墨片同轴卷绕构成，径向尺寸较小，管的外径一般在几纳米到几十纳米，管的内径更小，有的只有 0.34nm 左右；而长度一般为几十纳米至几毫米，也有长达 20cm 的 SWNT 的报道，相对其直径而言是比较长的，因此碳纳米管具有很高的长径比。与 MWNT 相比，SWNT 具有直径分布范围小、缺陷少、更高的均匀一致性等特点。MWNT 一般是由几层到几十层石墨片同轴卷绕构成的无缝同心圆柱，层间距为 0.34nm 左右，比石墨晶体的层间距略大，其典型的直径和长度分别为 2～30nm 和 0.1～50μm。

碳纳米管主要由 sp^2 杂化碳原子构成管壁，可形成高度离域化的 π 电子共轭体系。这种大 π 键共轭体系，可与其他的 π 电子体系发生 π-π 作用，形成非共价键结合的复合物。这是通过物理吸附、包裹进行功能化研究的基础。实际制备的碳纳米管具有一定程度的缺陷，如：在六边形网络中存在五边形/七边形缺陷。碳纳米管在保持本身特有的性质的基础上可以允许有一定数量的缺陷。这些缺陷具有较高的化学活性，因此端口与侧壁的缺陷是碳纳米管功能化研究的重要起点。

2. 碳纳米管的特性

不同制备和纯化方法获得的碳纳米管具有不同的表面结构，但是一般均会导致管壁表面形成或多或少的各种功能团。红外光谱分析催化裂解法合成的碳纳米管，表明其表面有许多—OH、C═O 和—COOH 官能团。经硝酸长时间回流纯化处理后，碳纳米管发生断裂、开口，其表面和开口处均产生许多稳定的羟基、羰基和羧基官能团，如图 1-10-2 所示。即使将这些碳纳米管重新置于 773K 下 H_2 氛围中还原 40min，各官能团也均无明显变化，充分说明各官能团与碳纳米管连接的稳定性极高。

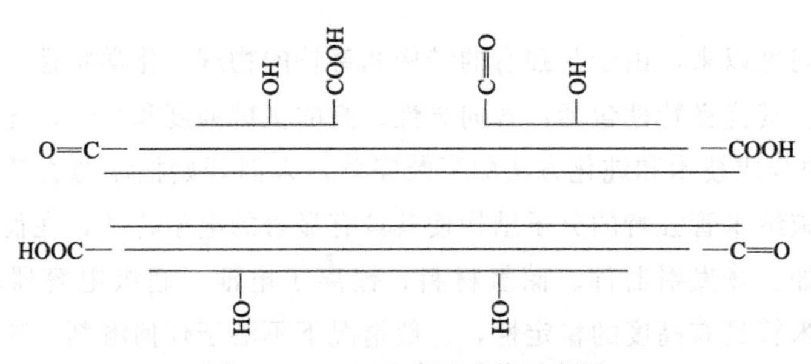

图 1-10-2　CNT 表面功能示意图

一般来讲，碳管末端反应活性大于碳管壁。小直径的碳纳米管由于其增强的曲率张力，反应活性大于相应的大直径的碳管。单壁碳纳米管具有较高的化学惰性，化学结构简单；而随着碳纳米管层数的增加，碳纳米管缺陷也随之增加，化学反应性增强，表面化学结构趋向复杂化，光电子能谱方法表征碳纳米管数据如表 1-10-3 所示。碳纳米管的吸附等温线解析结果也说明碳纳米管表面能量的不均匀性，多壁碳纳米管具有比单壁碳纳米管能量分布更广的活性中心。

表 1-10-3　SWNT、MWNT 的表面化学元素

元素	SWNT/%(摩尔分数)	MWNT/%(摩尔分数)
C_{1s}	96.49	91.86
O_{1s}	3.51	8.14

3. 碳纳米管的功能化

所谓的功能化就是利用碳纳米管在制备和纯化过程中表面产生的缺陷和基团通过共价或非共价的方法使碳纳米管的某些性质发生改变，尤其突出的是分散性，使其更易于研究和应用。最初的功能化是基于 CNT 的酸氧化，使 CNT 末端及缺陷密度大的位点连上羧基，其他的方法还有氟化、氯化等，可增加 CNT 的水溶性。进一步功能化，接上长的脂肪链，即可溶于有机溶剂。其他功能化的方法还有：氯仿的亲电加成、脂化、蛋白质及核酸功能化、芳基重氮盐的电化学还原和芳胺的电化学氧化、卡宾（二氯卡宾）功能化等。但这类功能化方法是直接与 CNT 的石墨晶格结构作用，可破坏 CNT 功能化位点的 sp^2 结构，从而部分破坏了 CNT 的电子特性。为了减少或避免这种破坏，又研究了一系列非共价功能化方法：

① 超分子功能化　如：聚合物功能化、淀粉功能化、环糊精功能化等，提高了碳纳米管的水溶性和生物兼容性；

② 生物分子功能化　如：DNA、金属蛋白、酶、肽螺旋等生物分子的非共价修饰。另外，在功能化 CNT 的材料上，人们又尝试了把金属或半导体性质的纳米簇连接到 CNT 上的异质连接。

实验十一　中药黄连中生物碱的提取及含量测定

一、实验设计

黄连为常用中药，始载于《神农本草经》，列为上品。味苦，性寒。归心、肝、胃、大肠经。具有清热燥湿、泻火解毒的功效。黄连味极苦，苦味在于它所含多种生物碱，主要为小檗碱（berberine），以盐酸盐存在，含量5.2%～7.69%；其次为黄连碱（coptisine）、甲基黄连碱（worenine）、巴马汀（palmatine）、药根碱（jatrorrhizine）。此外，尚含木兰碱（magnoflorine）及阿魏酸（ferulic acid）。生物碱是黄连的药效成分，也经常作为该药材的质量控制指标。本实验的设计涵盖了天然产物的提取、分离和含量测定过程，涉及有机化学和定量分析化学的基本实验操作，是一个较为综合的化学教学实验。

二、实验目的

1. 了解中药中有效成分的提取方法。
2. 熟悉高效液相色谱仪的使用方法。
3. 掌握色谱法定性和定量分析的原理。

三、实验原理

中药的成分十分复杂，既有多种有效成分，又有无效成分和有毒成分。利用现代科学技术，最大限度地提取中药的有效成分，可以使中药制剂的内在质量和临床治疗效果提高，使中药的效果得以最大限度的发挥。中药的提取方法包括水煎煮法、浸渍法、渗漉法、回流法、水蒸气蒸馏法、升华法、超声法和超临界流体萃取法等，其中连续回流法最为常用。近年应用于中药提取分离中的高新技术有膜分离技术、超微粉碎技术、半仿生提取法、酶法、超滤法等。

高效液相色谱是常用的有机物分离及定量分析方法，其工作流程是：由泵将储液瓶中的溶剂吸入色谱系统，然后输出，经流量与压力测量之后，导入进样器。被测物由进样器注入，并随流动相通过色谱柱，在柱上进行分离后进入检测器，检测信号由数据处理设备采集与处理，并记录色谱图。遇到复杂的混合物分离（极性范围比较宽）还可用梯度控制器作梯度洗脱，改变流动相极性，使样品各组分在最佳条件下得以分离。其工作原理：溶质在固定相和流动相之间进行的一种连续多次交换过程。它凭借溶质在两相间分配系数、亲和力、吸附力或分子大小不同而引起的排阻作用的差别使不同溶质得以分离。开始样品加在柱头上，假设样品中含有3个组分，A、B和C，随流动相一起进入色谱柱，开始在固定相和流动相之间进行分配。分配系数小的组分A不易被固定相阻留，较早地流出色谱柱。分配系数大的组分 C 在固定相上滞留时间长，较晚流出色谱柱。组分 B 的分配系数介于 A、C 之间，第二个流出色谱柱。若一个含有多个组分的混合物进入系统，则混合物中各组分按其在两相间分配系数的不同先后流出色谱柱，达到分离的目的。

四、仪器与试剂

仪器：高效液相色谱仪，DAD 检测器，分析天平，RE-52A 型旋转蒸发仪，SHB-亚循环水式多用真空泵，容量瓶，微孔膜过滤器。

试剂：磷酸二氢钾（分析纯），十二烷基硫酸钠（SDS，分析纯），乙腈（色谱纯），磷酸（分析纯），盐酸小檗碱，黄连碱，巴马汀，药根碱（中国药品生物制品检定所），甲醇，乙醇，蒸馏水。

原料：黄连。

五、实验步骤

1. 对照品溶液的制备

分别精密称取盐酸小檗碱对照品 0.21mg、黄连碱 0.21mg、巴马汀 0.25mg、药根碱 0.18mg 置于 2mL 的容量瓶中，用甲醇溶解并稀释至刻度，摇匀，即得。

2. 黄连中生物碱的提取

称取黄连粉末 50g，加入 6 倍量的 45%的乙醇，回流 3 次，每次回流 1h，合并滤液，旋转蒸发浓缩至 50mL，即每 1mL 中含 1g。取 1mL 滤液，加入 200mL 蒸馏水稀释，摇匀，微孔滤膜（0.45μm）过滤，取续滤液，即得供试品溶液。

3. 色谱条件

流动相为乙腈-50mmoL/L 磷酸二氢钾溶液（磷酸调 pH3.0）（50∶50），内含 12.5mmol/L SDS；流速：1.0mL/min；检测波长：230nm；柱温：30℃；进样量：10μL；色谱柱：Agilent ZORBAX 80A Extend-C18 分析柱（5μm，4.6mm×250mm）。

4. 进样并记录

在选定的色谱条件下，取 10μL 供试品溶液注入液相色谱仪，记录各组分色谱峰的保留时间和峰面积。

在选定的色谱条件下进样，分别取盐酸小檗碱、黄连碱、巴马汀、药根碱对照品溶液 1μL、2μL、4μL、8μL、10μL 注入液相色谱，记录色谱峰的保留时间和峰面积。

六、实验报告

1. 实验目的
2. 实验原理

3. 仪器与试剂

4. 实验步骤

5. 实验数据处理

（1）以保留时间对照确定样品中各生物碱的色谱峰位置。

（2）以峰面积对浓度作图，分别绘制盐酸小檗碱、黄连碱、巴马汀、药根碱的标准曲线。

（3）计算黄连样品中各生物碱的含量。

6. 实验结果讨论

七、注意事项

（1）样品提取液在注入液相色谱之前，需用微孔滤膜过滤，液相色谱流动相使用之前均须过滤。

（2）流动相中加入缓冲盐，分析完成后一定要用高水相冲洗，防止在色谱柱和管路中析出发生堵塞。

八、参考文献

[1] 应懿，何志红，周世文，等．测定黄连中 5 种生物碱含量的高效液相色谱法研究 [J]. 第三军医大学学报，2007，29（9）：843.

[2] 上官一平，方鲜枝．反相高效液相色潽法测定黄连中盐酸小檗碱含量 [J]. 药物鉴定，2006，15（20）：18.

[3] 罗远秀，文东旭，蒋受军，等．岩黄连药材 HPLC 指纹图谱的研究 [J]. 药物分析杂志，2007，27（11）：1749.

[4] 席国萍，宋国斌．黄连中小檗碱提取方法研究进展 [J]. 贵州农业科学，2009，37（1）：8.

[5] 鲁传华，贾勇，张菊生，等．麻黄及黄连生物碱膜提取方法的研究 [J]. 中成药，2002，4（24）：251.

九、知识拓展

中药指纹图谱（fingerprinting）是指某些中药材或中药制剂经适当处理后，采用一定的分析手段，得到的能够标识其化学特征的色谱图或光谱图。中药指纹图谱是一种综合的、可量化的鉴定手段，它是建立在中药化学成分系统研究的基础上，主要用于评价中药材以及中药制剂半成品质量的真实性、优良性和稳定性。“整体性”和“模糊性”为其显著特点。

中药指纹图谱是借用 DNA 指纹图谱发展而来。最先发展起来的是中药化学成分色谱指纹图谱，特别是高效液相色谱（HPLC）指纹图谱。HPLC 具有很高的分离度，可把复杂的化学成分进行分离而形成高低不同的峰组成一张色谱图，这些色谱峰的高度和峰面积分别代表了各种不同化学成分和其含量。由此可见，中药指纹图谱比DNA指纹图谱更进一步的发展在于：不但有特征的体现（各种化学成分的个数、相对位置和保留时间）可作定性鉴别使用，还体现了量的概念。峰的高度和峰面积表示了某个化学成分的含量，而各峰的峰高（或峰面积）的比值体现了各种化学成分间的相对含量；量的概念的引入、定性和定量的结合赋予中药指纹图谱更大的功效；中药指纹图谱不仅可以进行个体、某物种的“唯一性”的鉴定，还可以将其“量”的特征和其他体系挂钩。

因此，中药指纹图谱不仅是一种中药质量控制模式和技术，更可以发展成为一种采用各种指纹图谱来进行中药理论（复杂系统）和新药开发的研究体系和研究模式。

实验十二　番茄红素的提取、检测与稳定性能研究

一、实验设计

番茄红素（lycopene）又称β-胡萝卜素，属于异戊二烯类化合物，是类胡萝卜素的一种。由于最早从番茄中分类制得，故得其名。番茄红素在自然界分布广泛，在植物中主要是存在于成熟的红色水果和蔬菜中，在秋橄榄浆果中的含量很高，如番茄、西瓜、葡萄、萝卜、胡萝卜等，动物如龙虾、螃蟹中也含有番茄红素。番茄红素具有优越的生理功能，它不仅具有抗癌抑癌的功效，而且对于预防心血管疾病、动脉硬化等各种成人病、增强人体免疫系统以及延缓衰老等具有重要意义，是一种很有发展前途的新型功能性天然色素。本实验涵盖了天然产物的萃取、分离、鉴定等过程，涉及有机化学和分析化学的基本实验操作，是一个较为综合的化学教学实验。

二、实验目的

1. 了解番茄的提取方法。
2. 理解影响番茄红素稳定性的因素。
3. 掌握紫外-可见光谱法测定番茄红素的原理。

三、实验原理

番茄红素色泽为红色，纯品为针状深红色晶体，易溶于乙醚、石油醚、已烷、丙酮、氯仿等极性较低的有机溶剂。番茄红素是一种不含氧的类胡萝卜素，分子结构上有11个共轭双键和2个非共轭双键组成的直链型烃类化合物，其分子式为$C_{40}H_{56}$，结构式如下：

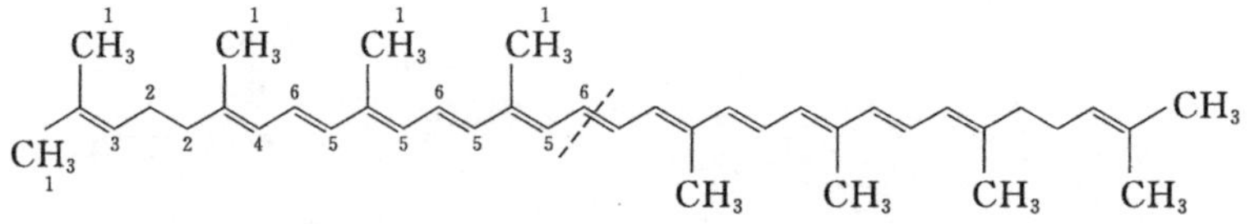

在472～484nm处有一强吸收峰，国标中采用紫外-可见分光光度法进行检测。但番茄红素稳定性很差，容易发生顺反异构化和氧化降解，尤其是高纯度番茄红素由于缺少其他物质的保护，极不稳定，易被氧化破坏。番茄红素在食品工业上的推广和使用急需解决的主要问题之一就是其稳定性。

四、仪器与试剂

仪器：电热恒温水浴锅，紫外-可见分光光度计，pH计，电子天平，榨汁机，容量瓶，碘量瓶，移液管，烧杯。

试剂：苏丹红Ⅰ，无水乙醇，丙酮，乙酸乙酯，氢氧化钠，H_2O_2，抗坏血酸，$AlCl_3$，$CuCl_2$，$FeCl_3$，KCl，柠檬酸，磷酸氢二钠，蒸馏水。

原料：新鲜番茄。

五、实验步骤

1. 番茄红素的提取

将新鲜的番茄洗净，切块，用榨汁机处理成糊状，倒入烧杯中，用保鲜膜密封避光保存，待用。用电子天平准确称量番茄糊于碘量瓶中，使用移液管吸入乙酸乙酯于样品中，盖上盖子。将碘量瓶放入已经提前设定好温度为40℃的恒温水浴锅中，提取时间为90min，料液比为1∶3（g∶mL)，提取。处理后将其拿出，冷却至室温，过滤，备用。把过滤后得到的滤液用丙酮稀释5倍并定容。选择乙酸乙酯作为空白对照，在波长为400～550nm的范围内，扫描吸收曲线，根据结果选择最大的吸收波长，作为番茄红素提取的最佳条件。

2. 标准曲线绘制

使用电子分析天平准确称量0.0250g苏丹红Ⅰ置于烧杯中，加入适量的无水乙醇将其溶解，转入50mL的容量瓶中，定容，制备苏丹红Ⅰ标准液。然后分别吸取苏丹红Ⅰ标准液0.10mL、0.20mL、0.30mL、0.40mL、0.50mL于不同的10mL容量瓶中，用无水乙醇溶液定容，得到苏丹红Ⅰ工作液，它们分别等于0.5mg/L、1.0mg/L、1.5mg/L、2.0mg/L、2.5mg/L的番茄红素标准液。以蒸馏水为空白对照，使用紫外-可见分光光度计在上述最佳波长下分别测定工作液的吸光值，绘制番茄红素的标准曲线。

3. 不同环境条件下番茄红素的稳定性研究

(1) 光对色素稳定性的影响　将番茄红素稀释液分别置于室内暗处、室内散射光、日光下一定的时间，定时取样测定吸光度。

(2) 加热对色素稳定性的影响　将稀释的番茄红素提取液分别置于50℃、60℃、70℃和80℃恒温水浴锅中，恒温30min后取出，用自来水冷却后测定其吸光度。

(3) pH对色素稳定性的影响　分别用柠檬酸、磷酸氢二钠和NaOH配制成pH值分别为2、3、4、5、6、7、8、9、10、11的缓冲液，取9份2.00mL上述缓冲液，加入10.00mL番茄红素稀释液中，立即测定。并于室温暗处放置2h后再进行测定。

(4) 氧化剂对色素稳定性的影响　选用H_2O_2作为氧化剂，配制0.1mol/L、0.3mol/L、0.5mol/L的H_2O_2溶液，各取2.00mL分别加入10.00mL番茄红素稀释液中，测其吸光度，并于室温暗处放置2h后再测定。

（5）还原剂对色素稳定性的影响　选用抗坏血酸作为还原剂，配制 0.1mol/L、0.3mol/L、0.5mol/L 的抗坏血酸溶液，各 2.00mL 加入 10.00mL 番茄红素初提液，测其吸光度。于室温暗处放置 2h 后再测定。

（6）金属离子对番茄红素稳定性的影响　取 0.01mol/L $AlCl_3$、$CuCl_2$、$FeCl_3$ 和 KCl 溶液 2.00mL，分别加入 10.00mL 番茄红素稀释液中，测定其吸光度，并于室温暗处放置 2h 后再测定。

六、实验报告

1. 实验目的
2. 实验原理
3. 仪器与试剂
4. 实验步骤与现象
5. 实验数据处理

（1）绘制番茄红素的紫外-可见吸收光谱图。

（2）绘制苏丹红Ⅰ的标准曲线，并计算番茄中番茄红素的提取率。

番茄红素的提取率＝番茄红素的浓度×定容的体积×稀释倍数/番茄糊的质量

6. 实验结果讨论

分别讨论日光、温度、酸度、氧化剂、还原剂和金属离子对番茄红素稳定性的影响。

七、注意事项

（1）番茄中含有一定的水分，过滤后的提取液可能会出现明显分层，稀释时将水层弃去。

（2）提取所使用溶剂为丙酮，容易挥发，暗处放置时需密封保存。

八、参考文献

[1] 王庆发，吴彤娇，梁铎，等．番茄红素提取纯化及稳定性改善技术的研究进展 [J]．食品工业科技，2017，38（21）：307.

[2] 高丽．番茄红素提取及其稳定性的研究 [J]．中国调味品，2018，43（8）：163.

[3] 许庆陵，陆海霞，吴丽容，等．番茄红素提取工艺及其性质比较 [J]．现代食品科技，2009，25（1）：86.

[4] 邱伟芬，汪海峰．天然番茄红素在不同环境条件下的稳定性研究 [J]．食品科学，2004，25（2）：56.

九、知识拓展

番茄红素除了利用有机溶剂进行提取外，目前研究中还广泛采用 CO_2 超临界流体萃取、超声波辅助提取、微波辅助提取和酶辅助提取等方法提取，方法各有千秋。提高番茄红素的提取率和稳定性是促进番茄红素在保健、食品等领域应用的基础技术保障。

实验十三　杂多酸材料的制备及其催化合成尼泊金丁酯

一、实验设计

尼泊金酯（对羟基苯甲酸酯）是由对羟基苯甲酸（PHBA）与 C_1～C_7 等低级醇所形成的酯类，是食品、医药、日用品化工中广泛使用的安全有效的防腐剂，是我国重点发展的防腐剂之一。在尼泊金酯系列中，尼泊金丁酯的效果最佳，发展前景十分广阔。但我国仍然主要以浓硫酸作为催化剂的传统工艺制备尼泊金丁酯，此法对设备腐蚀严重，且副产物多，产生的三废对环境污染严重，后处理复杂。因而对找出研制绿色安全的催化剂合成尼泊金丁酯十分必要。杂多酸是一类含有氧桥的多酸化合物，被广泛应用在酯化、酯交换、酯水解等相关反应中，是一类新型、绿色的固体酸催化剂，近年来，在催化领域受到极大关注。本实验首先合成十二钨磷酸 $H_3[PW_{12}O_{40}]\cdot 2H_2O$，然后利用其催化合成尼泊金丁酯的反应并研究反应的相关催化活性。

二、实验目的

1. 学习杂多酸的相关化学知识，掌握 Keggin 结构的十二钨磷酸的制备方法。
2. 研究并掌握十二钨磷酸催化尼泊金丁酯的合成反应及其酸催化活性。

三、实验原理

杂多酸是一类含有氧桥的多酸化合物，是一类新型、绿色的固体酸催化剂，近年来，在催化领域受到极大关注，主要是因为：①杂多酸及其盐是兼具配合物、金属氧化物的结构特征和强酸性、氧化还原性的双功能型催化剂；②杂多酸种类繁多，其阴离子结构相对稳定，可以采取分子设计的手段通过改变分子组成和结构来调其性能；③催化活性高，选择性强，适用于均相反应、多相反应等；④绿色环保、无污染。目前研究最多的是钨、钼杂多酸（盐），其杂原子主要是磷、硅等。钨和钼等在一定条件下易自聚或与其他元素聚合，形成多酸或多酸盐。在碱性溶液中 W^{6+} 以正钨酸根 WO_4^{2-} 存在，随着溶液酸度增加，WO_4^{2-} 逐渐聚合成多酸根离子，如加入一定量的磷酸盐，则可生成有确定组成的钨杂多酸根离子，如 $[PW_{12}O_{40}]^{3-}$，其形成反应离子方程式如下：

$$12WO_4^{2-}+HPO_4^{2-}+23H^+ = [PW_{12}O_{40}]^{3-}+12H_2O$$

在反应中，H^+ 与 WO_4^{2-} 中的氧结合生成 H_2O，使钨原子之间通过共享氧原子的配位形成多核簇状结构的杂多阴离子。$H_3[PW_{12}O_{40}]\cdot 2H_2O$ 中的阴离子 $[PW_{12}O_{40}]^{3-}$ 具有典型的 Keggin 结构（阴离子结构通式为 $[XM_{12}O_{40}]$），在 $[PW_{12}O_{40}]^{3-}$ 杂多阴离子的强酸溶液中加入乙醚（Et_2O）以后，乙醚会被质子化成 $Et_2O \cdot H^+$，由于 $[PW_{12}O_{40}]^{3-}$ 与 $Et_2O \cdot H^+$ 较大的体积和较低的电荷使其容易形成离子缔合物 $[Et_2O \cdot H^+]_3[PW_{12}O_{40}]^{3-}$，此缔合物是电中性的油状物，密度较大，能够溶于乙醚而不溶于水中，用乙醚萃取时会沉于底层（分液漏斗中分层的液体从上至下依次为：纯粹乙醚相→水相→离子缔合物乙醚相）。萃取后将下层离子缔合物分离出来，蒸除乙醚后即得十二钨磷酸 $H_3[PW_{12}O_{40}] \cdot 2H_2O$，$H_3[PW_{12}O_{40}] \cdot 2H_2O$ 易溶于水及乙醚、丙酮等含氧有机溶剂，在酸性水溶液中 $[PW_{12}O_{40}]^{3-}$ 杂多阴离子相对比较稳定，遇强碱时则会分解。然后采用共沸蒸馏装置催化合成尼泊金丁酯，纯尼泊金丁酯是无色白色粉末，熔点为 68～69℃，极微溶于水，易溶于乙醇。

四、仪器与试剂

仪器：圆底烧瓶，烧杯，分水器，分液漏斗，蒸发皿，磁搅拌器，电热套，共沸蒸馏装置，研钵，电子天平，熔点测定仪，傅里叶红外光谱仪。

试剂：对羟基苯甲酸，正丁醇，乙醚，$Na_2WO_4 \cdot 2H_2O$，Na_2HPO_4，浓 HCl，乙醇，$NaHCO_3$，H_2O_2，溴化钾，蒸馏水。

五、实验步骤

1. 十二钨磷酸的制备

（1）酸化　在 100mL 烧杯中加入 5.0g $Na_2WO_4 \cdot 2H_2O$、0.8g Na_2HPO_4 和 30mL 蒸馏水，加热至约 85℃并充分搅拌，向其中滴加 5.0mL 浓 HCl。若溶液呈蓝色，是由于 W（Ⅵ）被还原，需滴加 3% H_2O_2 直至蓝色褪去，冷却至室温。

（2）乙醚萃取　将溶液转移至分液漏斗中，向分液漏斗中加入 2mL 浓 HCl、7mL 乙醚，充分振荡（振荡中要放气），静置后液体分三层，将下层溶液倒入瓷制蒸发皿中，置于装有热水并加热的烧杯上，利用蒸气浴去除乙醚，直至液面出现晶膜为止。若在蒸发乙醚过程中液体变蓝，仍需滴加少许 3% H_2O_2 至蓝色褪去。乙醚完全挥发后，得到白色或浅黄色的固体，即为 $H_3[PW_{12}O_{40}] \cdot 2H_2O$。

（3）称重并计算产率　写入实验报告。

（4）Keggin 结构的 $H_3[PW_{12}O_{40}] \cdot 2H_2O$ 傅里叶红外谱图分析　将结晶后的 $H_3[PW_{12}O_{40}] \cdot 2H_2O$ 进行傅里叶红外光谱分析，取少量产品与溴化钾一起研磨，研磨后取少量进行压片。把压制好的片放入傅里叶红外光谱仪中，测量并分析谱图。

2. 十二钨磷酸催化制备尼泊金丁酯

（1）合成　在 50mL 圆底烧瓶中加入 6.9g（0.05mol）对羟基苯甲酸、9.2mL（0.10mol）正丁醇和 0.5g $H_3[PW_{12}O_{40}] \cdot 2H_2O$，安装共沸蒸馏装置，分水器中事先加入一定量的水，加热并搅拌，控制加热温度使回流液滴为 0.5～1 滴/s。反应结束后趁热将黏稠油状的反应液倒入烧杯中，冷却至室温后缓慢加入 20mL 10% $NaHCO_3$ 溶液，充分搅拌后分离出水相，再用水洗涤分离后将油状物倒入圆底烧瓶中，加 10mL 水，利用简易蒸馏装置去除正丁醇后，将残液趁热倒入 50mL 冷水中，不断搅拌直至析出白色固体粗产品。

（2）重结晶并计算产率　粗产品用乙醇和 H_2O 的混合溶剂重结晶，干燥后称量，计算产品产率。

（3）熔点测定　采用熔点测定仪测定尼泊金丁酯的熔点。

（4）傅里叶红外光谱测定及分析　采用傅里叶红外光谱仪做尼泊金丁酯的谱图并加以分析。

六、实验报告

1. 实验目的
2. 实验原理
3. 仪器与试剂
4. 实验步骤
5. 实验结果与讨论
6. 实验反思

七、注意事项

（1）用分液漏斗萃取十二钨磷酸时，分层后如果下层量很少，可能是溶液酸度不够，没有形成离子缔合物，可向其中补加少量浓 HCl；如果下层中有白色固体出现，此固体为离子缔合物，可能是乙醚较少，没有完全萃取便直接沉到下层导致，可向其中补加乙醚。

（2）采用蒸气浴蒸除乙醚时要避免明火加热，同时要保持实验室通风。

（3）十二钨磷酸具有较强氧化性，保存时应注意不能与纸张等还原性物质接触。

（4）利用简易蒸馏装置蒸除正丁醇时，要保持烧瓶中有适量的水，以便形成正丁醇 H_2O 共沸物。因此，在蒸馏的过程中，要时常将漏斗中的水滴入烧瓶中。

八、参考文献

[1]　王恩波，胡长文，许林．多酸化学导论 [M]．北京：化学工业出版社，1997.

[2]　单秋杰．钨磷杂多酸盐的合成、表征及催化活性 [J]．合成化学，2005，13（2）：148.

[3]　武钏，董金龙，杨林春，等．固载型硅钨杂多酸催化剂制备及性能研究 [J]．山西大学学报，2005，28（4）：392.

[4]　张显久．尼泊金复合酯在防腐中的应用 [J]．陕西大学学报，2007，2：14.

[5]　凌关庭，唐述潮，陶民强．食品添加剂手册 [M]．2 版．北京：化学工业出版社，1997.

[6] Li S T, Wu C D, Yan Y S, et al. Photo degradation of organic contaminant by heteropoly acid [J]. Progress of Chemistry, 2008, 20 (5): 690.

九、知识拓展

除了杂多酸催化剂外，还可以采用如下催化剂合成尼泊金丁酯：以稀土固体超强酸为催化剂，以对羟基苯甲酸和正丁醇为原料催化合成；以颗粒状活性炭固载对甲苯磺酸作催化剂，正丁醇作共沸带水剂，由对羟基苯甲酸和正丁醇直接制备得到；由对羟基苯甲酸和正丁醇加入共沸剂进行酯化反应，生成产品；在氨基磺酸作用下，由正丁醇和对羟基苯甲酸合成高收率的产品等。

实验十四　金属-有机骨架材料上5-羟甲基糠醛的吸附分离

一、实验设计

金属-有机骨架材料（MOF）相比于传统的多孔材料，具有拓扑结构丰富、比表面积大的优点，又同时兼具有可设计、可剪裁、易功能化的特点，因而MOF在吸附分离领域具有广阔的应用前景。

5-羟甲基糠醛（HMF）是重要的生物质基平台化合物，在生物炼制过程中起着承上启下的作用。HMF可以通过Dials-Alder、烷基化、酰基化、聚合、氧化、加氢等一系列化学反应，制备多种具有高价值的衍生物，如柴油燃料、医药、树脂类塑料和其他化工衍生产品，因而，HMF是生物炼制中有价值的中间底物。HMF可由六碳糖（葡萄糖和果糖）脱水生成，其中以果糖为底物的收率和选择性一般比葡萄糖底物高。依靠目前的生物精炼技术，HMF在产物中的浓度较低。因此，发展一种能够替代高能耗的传统精馏的吸附分离技术，高效地从产物中分离出HMF，进而降低提纯成本增大HMF的经济性，对HMF的制备实现工业化至关重要。

本实验针对水溶液中HMF的吸附分离，采用合成简单、稳定性较高的MOF材料即ZIF-8作为吸附剂进行研究，并对吸附剂的再生能力进行考察。

二、实验目的

1. 学习金属有机框架材料的合成方法，掌握X射线衍射和红外光谱等表征手段。
2. 研究材料的吸附行为，学会利用紫外-可见分光光度计进行定量分析。

三、实验原理

金属-有机骨架材料是一类新型的多孔材料，近年来已有许多学者致力于MOF在液相方面的研究，例如，柴油、汽油的脱硫脱氮，废水中芳香烃类有机物、染料大分子等的去除。因此，MOF有望在生物质基平台化合物的吸附分离中取得优异的吸附性能。本实验针对水溶液中HMF的吸附分离，采用MOF材料即ZIF-8作为吸附剂进行研究。ZIF-8合成简单、水热和化学稳定性高，是优良的吸附材料。

四、仪器与试剂

仪器：分析天平，电加热磁力搅拌器，真空干燥箱，离心机，超声波清洗仪，移液枪，石英比色皿，X 射线衍射仪，紫外-可见分光光度计，红外光谱仪，马尔文粒径分析仪。

试剂：六水合硝酸锌［$Zn(NO_3)_2 \cdot 6H_2O$，分析纯（≥99%）］，2-甲基咪唑［Hmim，分析纯（99%）］，5-羟甲基糠醛［HMF，分析纯（99%）］，无水甲醇［分析纯（≥99.5%）］。

五、实验步骤

1. ZIF-8 材料的合成

参考文献制备 ZIF-8 纳米颗粒。将 60mL 已溶解 0.879g $Zn(NO_3)_2 \cdot 6H_2O$ 的甲醇溶液快速加入 60mL 已溶解 1.776g 2-甲基咪唑（Hmim）的甲醇溶液中，室温搅拌 1h。离心并用甲醇洗涤 4 遍。

2. ZIF-8 材料的表征

X 射线衍射仪（XRD）检测 MOF 材料的晶相。采用 Cu-Kα 辐射，工作电压和电流分别为 40kV 和 200mA，仪器步长为 0.02°，扫描范围为 2°～50°，扫描速度为 5°/min；傅里叶红外光谱仪对 HMF 在 ZIF-8 材料上的吸附和脱附过程进行表征分析；马尔文粒径分析仪表征材料的粒径大小。

3. ZIF-8 材料上 HMF 的吸附实验研究

采用损耗法测试 HMF 在 ZIF-8 材料上的吸附性能，具体的实验步骤如下：将 0.050g ZIF-8 分散于 0.50mL HMF 水溶液中，于室温下吸附 24h。离心后，通过紫外-可见分光光度计分析吸附后上清液中 HMF 的浓度。为了校正吸附数据，空白对比实验在相同条件下进行。预备实验表明，24h 后，HMF 在 ZIF-8 上的吸附已经达到平衡。平衡吸附量 Q(mg/g) 通过下式计算得到：

$$Q = V(c_{\text{initial}} - c_{\text{final}})/m \tag{1-14-1}$$

式中，V 代表所用吸附液的体积，mL；c_{initial} 和 c_{final} 分别代表溶液中吸附前后 HMF 的浓度，g/L；m 为所用吸附剂的质量，g。

4. 吸附剂的再生实验研究

相比较吸附过程而言，吸附剂的再生得到关注较少。随着绿色化学受到越来越多的关注与倡导，对吸附剂进行再生从而实现吸附剂的多次重复使用至关重要。在本实验中采用热脱附来考察 HMF 在 ZIF-8 材料上的脱附性质。将吸附 HMF 水溶液后的 ZIF-8 材料离心回收，然后在高温下真空干燥，利用傅里叶红外光谱仪分析考察不同温度下的脱附效果。筛选出最佳的脱附条件，在此优化条件下考察 ZIF-8 吸附剂的循环使用寿命。

六、实验报告

1. 实验目的

2. 实验原理

3. 仪器与试剂

4. 实验步骤

5. 实验结果与讨论

6. 实验反思

七、注意事项

(1) 实验过程中要先分别将金属和配体溶解后再混合反应。

(2) 采用甲醇等试剂时要在通风橱中操作，同时要保持实验室通风。

八、参考文献

[1] Jin H, Li Y, Liu X, et al. Recovery of HMF from aqueous solution by zeolitic imidazolate frameworks [J]. Chem Eng Sci, 2015, 124: 170.

[2] Cravillon J, Münzer S, Lohmeier S J, et al. Rapid Room-temperature synthesis and characterization of nanocrystals of a prototypical zeolitic imidazolate framework [J]. Chem Mater, 2009, 21: 1410.

[3] Park K S, Ni Z, Côté A P, et al. Exceptional chemical and thermal stability of zeolitic imidazolate frameworks [J]. Proc Natl Acad Sci USA, 2006, 103: 10186.

九、知识拓展

除了 ZIF-8 吸附剂以外，很多 MOF 材料均可作为 HMF 的吸附材料，如与 ZIF-8 具有相同拓扑结构的 ZIF-90 等。随着绿色化学的发展壮大，对吸附剂的再生格外关注，除了本实验中介绍的热脱附外，还可以采取溶剂脱附等其他脱附方法实现吸附剂的再生及循环使用。

实验十五 维生素 B_{12} 与牛血清白蛋白相互作用的研究

一、实验设计

蛋白质是生物体内具有重要生理功能的大分子，是药物发挥药效的重要载体和靶分子。血清白蛋白（SA）是血浆中含量最丰富的一种载体蛋白，药物进入血浆后首先与 SA 结合，然后再被运送到身体各部位。血清蛋白主要有牛血清白蛋白（BSA）和人血清白蛋白（HSA）两种。目前运用荧光光谱法对 BSA 作为载体蛋白与药物相互作用的研究报道较为经典。

维生素 B_{12} 是一种含有金属离子的水溶性维生素，参与体内多种代谢，对人体和动物健康起着重要的作用。本实验利用荧光法研究 VB_{12} 与牛血清白蛋白的相互作用，计算两者的结合常数、结合位点数等，这对了解维生素 B_{12} 在生物体内代谢过程与生物效应机理有实际意义。

二、实验目的

1. 初步了解药物小分子与 BSA 相互作用的机理。
2. 掌握紫外-可见分光光度计、荧光光谱仪的使用方法。
3. 学习使用 Origin 软件作图。

三、实验原理

SA 是血浆中最丰富的蛋白质，约占血浆蛋白含量的 60%。常见的有 BSA 和 HSA 两种。Sugio 利用 X 射线晶体学，认为 SA 是三维心形，分子量约为 66.5kDa。SA 具有独特的生理功能，可作为多种内源性和外源性化合物的分布和代谢的转运蛋白，包括药物分子、脂肪酸、胆红素、卟啉、甲状腺素、色氨酸等。药物进入人体后，与机体发生复杂的相互作用。药物与蛋白的结合在药物代谢动力学中是很重要的一个方面。药物与蛋白的可逆性结合，虽然不直接影响疗效，但影响药物代谢过程，因而间接地影响受体部位的药物有效浓度。与蛋白质结合的药物不能透过毛细血管，不能扩散进入细胞内，也不能被肾小球过滤，所以影响了药物的分布容积、生物转化和排泄速率。但是这种结合是可逆的，与游离药物分子间呈动态平衡。所以从某种意义上讲，血清蛋白的结合对血药浓度起缓冲作用。

吸收光谱可以验证 VB_{12}-BSA 的形成。BSA 有两个吸收峰，分别位于大约 215nm 和 278nm 处。蛋白质骨架的特征吸收峰在约 215nm 处，蛋白质分子中 Trp、Tyr 和 Phe 等芳香氨基酸的吸收峰在约 278nm 处。VB_{12} 在约 271nm 处有吸收峰，这主要归属于 TPY 分子中 N 或 O 孤对电子的 $p \rightarrow p^*$ 跃迁所致。根据吸收光谱的特征可以证明 VB_{12}-BSA 复合物的形成。

荧光淬灭是指任何可使某种给定荧光物质的荧光下降的作用。与荧光物质分子发生相互作用而引起荧光强度下降的物质，称为荧光淬灭剂。荧光淬灭可以分为动态淬灭和静态淬灭。对于静态淬灭过程，荧光淬灭强度与淬灭剂的关系可由荧光分子与淬灭剂分子的结合常数表达式推导而出。蛋白质具有内源性荧光，可以通过其结合药物分子后荧光强度的变化研究药物与蛋白的结合性质。

牛血清白蛋白分子具有多个独立的结合位点，其与 VB_{12} 分子可形成新的配合物，设它的结合常数为 K_b，n 表示结合的化学计量数。在静态淬灭过程中，荧光体系的荧光强度与荧光体系的游离浓度成正比，符合 Stern-Volmer 方程(1-15-1)。依据此方程，以 F_0/F 对一定浓度的 VB_{12} 作图，可以得到截距为 1，斜率为 K_{SV} 的直线。公式(1-15-2)是以 $\lg\left(\frac{F_0-F}{F}\right)$ 对 $\lg[Q]$ 作图，得到 Stern-Volmer 的另一种表达形式。可以通过计算得到 n、K_{SV}、k_q、K_b 及热力学参数。

$$\frac{F_0}{F}=1+K_{SV}[Q]=1+k_q\langle\tau_0\rangle[Q] \tag{1-15-1}$$

$$\lg\left(\frac{F_0-F}{F}\right)=\lg K_b+n\lg[Q] \tag{1-15-2}$$

式中，F_0 和 F 分别表示未加入 VB_{12} 和加入 VB_{12} 的荧光强度；K_{SV} 表示 VB_{12} 分子对 BSA 的淬灭常数；k_q 表示 VB_{12} 对 BSA 淬灭过程的速率常数；K_b 表示 VB_{12} 与 BSA 的结合常数；$\langle\tau_0\rangle$ 代表生物分子的平均寿命，一般为 10^{-8}s，在这是指 BSA 的荧光寿命；n 表示结合的化学计量数；$[Q]$ 代表 VB_{12} 分子的浓度。

四、仪器与试剂

仪器：fluoroSENS-9000 型稳态荧光光谱仪，北京普析 TU-1901 双光束紫外-可见分光光度计，雷磁 pHS-3C 型数字酸度仪，容量瓶（50mL、100mL、250mL），烧杯（10mL），移液器（100～1000μL），试剂瓶（250mL），磁力搅拌器。

试剂：VB_{12}（Solarbio），BSA（Sigma），磷酸二氢钠，磷酸氢二钠，氢氧化钠。

五、实验步骤

1. pH=7.4 的磷酸缓冲溶液（PBS，phosphate buffer saline，200mmol/L，pH 7.4）的配制

称取等物质的量的 $Na_2HPO_4 \cdot 12H_2O$（约 8.95g）和 $NaH_2PO_4 \cdot 2H_2O$（约 3.90g），用去离子水（25℃的电导率）溶解，使用数字酸度仪，用 NaOH 调至 pH 为 7.4 后用去离子水加至 250mL 的容量瓶至刻度，存储于 250mL 试剂瓶于 4℃冰箱，后稀释至 10mmol/L，

备用。

2. BSA标准溶液的配制

称取0.0332g牛血清白蛋白并用缓冲溶液溶解，稀释定容至100mL容量瓶中，其浓度为5×10^{-6}mol/L。

3. VB_{12}标准溶液的配制

称取0.0203g VB_{12}，用PBS缓冲溶液溶解后转入50mL容量瓶中，然后加PBS缓冲溶液至刻度，其浓度为3×10^{-4}mol/L。

4. VB_{12}-BSA的合成

取7只10mL的小烧杯，编号分别为1、2、3、4、5、6、7，向每只烧杯中加入6mL 5.0×10^{-6}mol/L BSA标准溶液，使用移液枪，再分别加入50μL、100μL、200μL、300μL、400μL、500μL、600μL的3.0×10^{-4}mol/L的VB_{12}标准溶液，暗处环境孵育不少于4h，磁力搅拌器缓慢搅拌，反应完全形成复合物。

5. 吸收光谱的绘制

吸收光谱的测定在TU-1901双光束紫外-可见分光光度计测定得到的。使用一对路径长度1cm的石英比色皿进行吸收测量，10mmol/L PBS缓冲溶液作为基线记录，测定吸收光谱范围为200～800nm，对于上述溶液分别进行吸收光谱扫描，判断VB_{12}-BSA是否形成复合物。

6. 荧光谱图的绘制

荧光光谱是在fluoro SENS-9000型稳态荧光光谱仪测量得到的。使用路径长度1cm的石英比色皿进行荧光测量，设定激发波长为295nm，扫描范围为315～500nm，激发发射狭缝宽为5nm。对于上述溶液分别进行荧光光谱扫描，记录最大荧光强度。

7. 药物蛋白结合常数的测定

根据公式，将实验数据用origin软件作图，计算结合位点数n、结合常数K_b、猝灭过程的速率常数k_q及VB_{12}分子对BSA的猝灭常数K_{SV}。

六、实验报告

1. 实验目的
2. 实验原理
3. 实验仪器与试剂
4. 实验步骤
5. 实验数据记录与处理
6. 实验结论
7. 实验反思

七、注意事项

（1）搅拌时应尽量慢，防止蛋白质的构象发生变化。

（2）蛋白质的性质研究，温度不宜超过 40℃，防止蛋白质失去活性。

八、参考文献

[1] 郭宗儒．药物化学总论［M］．2 版．北京：中国医药出版社，2003：72.

[2] 樊艳华，冯锋，陈泽忠，等．维生素 B_{12} 与牛血清白蛋白相互作用的荧光法研究［J］．光谱实验室，2011，28：1331.

[3] Liang W，Wu C，Cai Z，et al. Tuning the electron transport band gap of bovine serum albumin by doping with VB_{12} ［J］．Chem Commun，2019，55：2853.

九、知识拓展

一般情况下，为避免 BSA 的荧光猝灭是由自身内滤效应引起，需要对 BSA 的荧光发射强度进行如下的校正。

$$F = F_{obs} \times e^{(A_{em} - A_{ex})/2} \tag{1-15-3}$$

式中，F 和 F_{obs} 分别表示校正和观察到的荧光发射强度；A_{ex} 和 A_{em} 分别表示激发和发射波长处的吸光度值。

$$\ln K_b = -\frac{\Delta H^{\ominus}}{RT} + \frac{\Delta S^{\ominus}}{R} \tag{1-15-4}$$

$$\Delta G^{\ominus} = \Delta H^{\ominus} - T\Delta S^{\ominus} \tag{1-15-5}$$

式中，$\Delta H^{\ominus}$、$\Delta S^{\ominus}$、$\Delta G^{\ominus}$分别表示 VB_{12} 与 BSA 结合过程中标准焓变、标准熵变、标准吉布斯自由能变；T 表示热力学温度；R 表示摩尔气体常数。

VB_{12}-BSA 结合过程的热力学能量值可以通过 Vant Hoff 方程得到（公式 1-15-4），以 $\ln K_b$ 对 $1000/T$ 作图得到的直线可以进一步得到热力学数据。根据$\Delta G^{\ominus}$、$\Delta H^{\ominus}$和$\Delta S^{\ominus}$值，结合 Ross 等人总结的规律，可得两者之间的结合作用力。

实验十六 苯-醋酸-水三元相图的识别与绘制

一、实验设计

具有一对共轭溶液的三元液系相图，有助于确定液-液萃取操作合理的萃取条件。在大学物理化学实验中，具有一对共轭溶液的三组分液-液相图的绘制是非常重要的相图实验内容之一，在液-液萃取操作中确定各区的萃取条件极为重要。通过该实验可以使学生熟悉三角坐标的绘制和使用，并对三元液系相图的实际应用有较深的认识。

二、实验目的

1. 熟悉相律在相图中的运用，掌握用三角形坐标系绘制三元体系等温相图的方法。
2. 用溶解度法绘制具有一对共轭溶液的苯-醋酸-水三元体系相图。
3. 掌握酸碱滴定共轭溶液醋酸的含量。

三、实验原理

相图是把不同温度、压力下平衡系统的各个相、相组成以及相之间的相互关系反映出来的一种图解，由点、线、面、体等几何要素构成。相图服从相律，因此可以根据相律认识相图。相图具有清晰、形象、直观、完整的特点，可以具体应用于实际系统，解决实际问题。

1876 年 Gibbs 推导出相律。相律是物理化学中的普遍定律之一，是研究热力学系统相平衡的理论基础。相律的表达形式是 $f+\Phi=C+2$，式中，f 代表独立参变量数，即自由度；Φ 代表平衡共存的相的数目；C 代表独立组分数；“2”则代表温度和压力两个变量。对于三组分系统，$C=3$，$f+\Phi=5$，系统自由度 f 最多等于 4（即温度、压力和两个浓度），用三度空间的立体模型不能表示这种相图。若维持压力不变，$f^{*}+\Phi=4$，f^{*} 最多等于 3，其相图可用正三棱柱体的立体模型来表示，但作图非常烦琐。若压力、温度同时确定，则 $f^{**}+\Phi=3$，f^{**} 最多为 2，此时可以用平面图形来表示体系的状态和组成之间的关系，称为三元相图。通常用等边三角形的方法作三元相图（如图 1-16-1 所示），等边三角形的三个顶点各代表一纯组分，三角形三条边 AB、BC、CA 分别代表 A 和 B、B 和 C、C 和 A 所组成的二组分的组成，而三角形内任何一点表示三组分的组成，例如图中的 P 点，其组成可确定如下：

经 P 点作平行于三角形三边的直线，并交三边于 a、b、c 三点，则 $Pa+Pb+Pc=Ba+Cb+Ac=BC=AC=AB=1$，如果每条边分为 100 等分，每份为 1%，于是 P 点的 A、B、C 组分的浓度分别为 $A\%=Pa=bC$，$B\%=Pb=Ac$，$C\%=Pc=Ba$。

本实验通过溶解度法绘制生成一对共轭溶液的三组分体系相图，即三组分中两对液体 A 和 B 及 A 和 C 完全互溶，而另一对 B 和 C 则不溶或部分互溶的相图（如图 1-16-2 所示）。

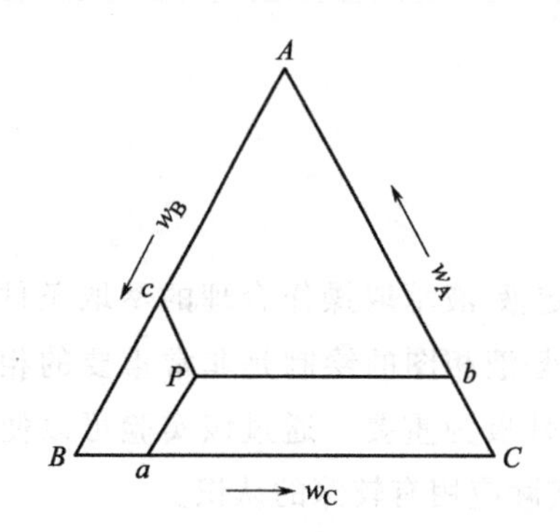

图 1-16-1 等边三角形所作的三元相图

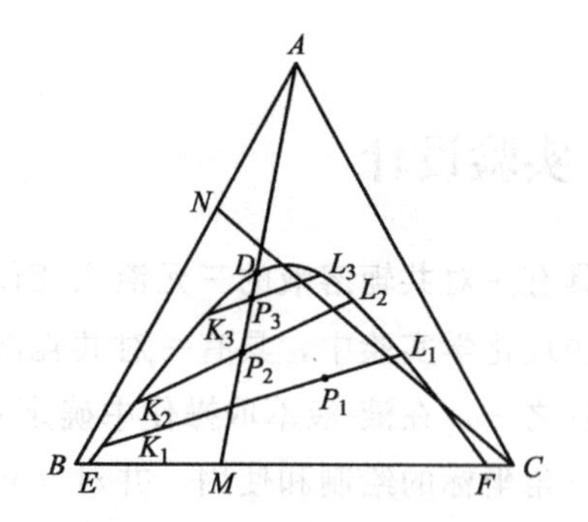

图 1-16-2 共轭溶液的三元相图

图 1-16-2 中 E、K_1、K_2、K_3、D、L_3、L_2、L_1、F 是溶解度曲线上的点，K_1L_1、K_2L_2、K_3L_3 等称为结线，溶解度曲线以内为两相区，溶解度曲线以外是单相区。一种测绘这种相图的方法是：在两相区内按任一比例将三种液体混合（例如在 P_1 点），置于一定温度下使之达到平衡，然后分析互成平衡的二共轭相（K_1、L_1）的组成，在三角坐标纸上标出这些点，连 E、K_1、K_2、K_3 与 L_3、L_2、L_1、F 即得溶解度曲线，连 K_1L_1、K_2L_2、K_3L_3 即为结线。

但上述方法过程烦琐，通常可使用下列方法：配制部分互溶的 B 和 C 的混合物，其组成为 M，当不断加入液体 A 时，则体系成分沿 MA 移动，互溶度增大，当组成达到 D 点时，再稍加 A，两相立即变为一相（体系由浑变清），根据配置 M 所用 B、C 量和后来加入的 A 量，可算出 P 点组成，再改变 B、C 的比例同法可得溶解度曲线上其他各点。但此法终点由浑变清现象不明显。为此，本实验可优化如下：预先混合完全互溶的 A 和 B 组分，其组成用 N 表示，向此透明的 A 和 B 的混合溶液加入 C 组分，则体系组成沿 NC 移动，到 L_3 点时体系由清变浑，此终点明显。终点 L_3 的组成同样根据 A、B、C 用量可算出，配置一系列不同 A 和 B 或 A 和 C（此时滴加 B）组成的溶液可得一组不同组成的终点，据此可画出溶解度曲线。

为了测定结线，在两相区配制混合液，达平衡时两相的组成一定，需分析两相中每相某组分含量，在溶解度曲线上就可找出每相的组成点，其连线即为结线。

四、仪器与试剂

仪器：磨口锥形瓶（100mL 2 个），具塞锥形瓶（25mL 4 个），锥形瓶（150mL 4 个），移液管（2mL 2 支，1mL 2 支），酸式滴定管（50mL 2 支），碱式滴定管（50mL 2 支）。

试剂：无水苯（分析纯），酚酞指示剂，冰醋酸（分析纯），NaOH 溶液（0.5mol/L）。

五、实验步骤

1. 相变点的测定

分别在两支干燥而洁净的酸式滴定管内装苯及冰醋酸，另两支碱式滴定管装水及 NaOH 溶液。移取（用刻度移液管）10mL 苯并滴加 4mL 冰醋酸于干净的 100mL 磨口锥形瓶中，然后慢慢滴入水，同时不停振荡，滴至终点（由清变浑），记下水的体积。

再向此瓶加入 5mL 冰醋酸，体系又成均相，继续用水滴定至终点。以后用同法加入 8mL 冰醋酸，用水滴定；再加入 8mL 冰醋酸，用水滴定，记录各组分的用量。最后再加入 10mL 苯加塞摇动，并每间隔 5min 摇动一次，半小时之后用此溶液测结线。

另取一只干净的磨口锥形瓶，用移液管加入 1mL 苯并滴加入 2mL 冰醋酸，用水滴至终点，以后依次加 1mL、1mL、1mL、1mL、2mL、10mL 冰醋酸，分别用水滴定至终点，记录后，最后再加入 15mL 苯，同法间隔 5min 摇一次，半小时后作为测另一根结线用。

2. 分析

上面所得两溶液，经半小时后，待二层液体分清，用干净移液管吸取上层液 2mL，下层液 1mL，分别放入已经称重的 4 个 25mL 具塞锥形瓶中，做好标记，再称其重量，然后分别用水洗入 150mL 锥形瓶中，以酚酞为指示剂，用 0.5mol/L NaOH 滴定醋酸的含量。

六、实验报告

1. 实验目的
2. 实验原理
3. 主要试剂及其物理常数

将主要试剂及其物理常数填入表 1-16-1 中。

表 1-16-1　苯-醋酸-水三元相图的识别实验条件

试剂	分子量	熔点/℃	沸点/℃	注意事项

4. 实验步骤与现象

将实验步骤与现象填入表 1-16-2 中。

表 1-16-2　苯-醋酸-水三元相图的识别实验步骤与现象

实验步骤	现象

5. 实验数据处理

(1) 溶解度曲线的绘制　根据苯、冰醋酸及水所用实际体积，及由手册查出实验温度时三种液体的密度，算出各点组分的质量分数，填入表 1-16-3 中。

表 1-16-3　苯-醋酸-水三元相图的识别实验数据处理

室温/℃	大气压/mmHg	密度/(g/mL)		
		苯	冰醋酸	水

将表 1-16-4 组成数据在三角形坐标纸上作图，即得溶解度曲线。

表 1-16-4　苯-醋酸-水三元相图的识别实验作图数据

序号	冰醋酸		苯		水		总质量/g	质量分数/%		
	体积 V/mL	质量 m/g	体积 V/mL	质量 m/g	体积 V/mL	质量 m/g		冰醋酸	苯	水
1	4.00		10.00							
2	9.00		10.00							
3	17.00		10.00							
4	25.00		10.00							
5	25.00		20.00							
6	2.00		1.00							
7	3.00		1.00							
8	4.00		1.00							
9	5.00		1.00							
10	6.00		1.00							
11	8.00		1.00							
12	18.00		1.00							
13	18.00		16.00							

(2) 画出结线

① 计算两锥形瓶中最后冰醋酸、苯、水的质量分数，算出三角形坐标纸上相应的 P_1 和 P_2 点。

② 将所取各相中冰醋酸含量算出，并将点画在溶解度曲线上，上层内冰醋酸含量在含苯较多的一边，下层画在含水较多的一边，则可作出 K_1L_1、K_2L_2 两根结线，它们应分别通过点 P_1 和 P_2。

6. 实验结果讨论

(1) 结线 K_1L_1 和 K_2L_2 如不能通过物系点 P_1 和 P_2，其原因是什么？

(2) 若是被水饱和的苯或含水的醋酸是否可作此实验？

七、注意事项

（1）滴定管要干燥而洁净，放苯及冰醋酸时要快而准，但不能快到连续滴下。酸式滴定管易漏，所以试剂不宜久存管中。苯也可用刻度移液管加入。

（2）锥形瓶也要干净，振荡后内壁不能挂液珠。

（3）用水滴定如超过终点，则可再滴冰醋酸至刚由浑浊变清作为终点，记下实际各溶液用量。在作最后几点时（苯含量较少）终点是逐渐变化，需滴至出现明显浑浊，才停止滴加水。

（4）由于冰醋酸的熔点为16.7℃，当室温低于此温度时，则必须在16.7℃以上的环境下才能进行实验，或更换另一三元系实验。

（5）用移液管吸取二相平衡的下层溶液时，可在吹气鼓泡条件下插入移液管，这样可避免上层溶液的沾污。

八、参考文献

[1] 邢宏龙．物理化学实验［M］．北京：化学工业出版社，2010.
[2] 邱金恒．物理化学实验［M］．北京：高等教育出版社，2010.
[3] 李保民．物理化学实验［M］．徐州：中国矿业大学出版社，2014.

九、知识拓展

相图及相平衡过程的图解研究是物理化学和化工原理及生产实践中的重要部分。工业上所使用的金属材料，如各种合金钢和有色合金，大多由两种以上的组元构成，这些材料的组织、性能和相应的加工、处理工艺等通常不同于二元合金，因为在二元合金中加入第三组元后，会改变原合金组元间的溶解度，甚至会出现新的相变，产生新的组成相。因此，研究三元相图对研制高性能的材料有非常大的参考价值。萃取相图及萃取过程中的理论塔板数的分析，为萃取过程的研究和冶金、化工设计提供了必要的理论依据，同样具有重要的实际意义。

实验十七　$FeCl_3$氧化聚合法制备聚噻吩

一、实验设计

共轭聚合物（conjugated polymer，CP）具有光电性能稳定、荧光量子产率高、易于修饰等优点，目前已广泛应用于太阳能电池、传感器、生物组织工程材料等领域。聚噻吩及其衍生物是一类常见的共轭聚合物，具有良好的光电性能。本实验中设计采用一种简单的氧化聚合法制备得到一种线型聚噻吩材料，可通过凝胶渗透色谱法表征其聚合度和分子量，并进一步运用紫外-可见分光光度计、荧光分光光度计等分析所得聚噻吩材料的光学性能。

二、实验目的

1. 了解 $FeCl_3$ 催化氧化聚合法。
2. 了解聚噻吩的合成与部分光学性能的表征方法。

三、实验原理

聚噻吩及其衍生物的常见合成方法有：电化学聚合法、化学氧化聚合法、金属偶联法等。化学氧化法制备聚噻吩是通过使用氧化剂如 $FeCl_3$、$CuCl_2$、$(NH)_4S_2O_8$ 及 $K_2Cr_2O_7$ 等直接氧化引发噻吩单体的聚合，具有操作简便易行、条件温和可控等优势，在聚噻吩的合成制备与性能研究领域得到了大量的运用。其中，以 $FeCl_3$ 为氧化剂的合成方法最为温和简便。

研究发现，$FeCl_3$ 氧化聚合法制备聚噻吩的一种可能机理如图 1-17-1 所示。其中，$FeCl_3$ 作为氧化剂，以固体形式存在于在反应混合物中。

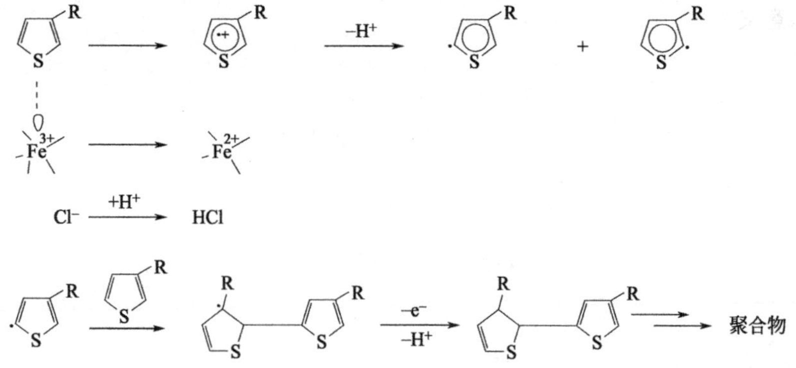

图 1-17-1　$FeCl_3$ 氧化聚合法制备聚噻吩的机理

在对 $FeCl_3$ 晶体结构研究时发现，每个 Cl^- 应该与 2 个 Fe^{3+} 配位，晶体中 Fe^{3+} 几乎是被掩盖住的。但是在晶体表面，一个 Cl^- 只与一个 Fe^{3+} 配位，从而形成一个未共享 Cl^- 和空轨道。因此，$FeCl_3$ 具有较强的吸湿性和路易斯酸特性，且通过利用 CHEM-X 模拟发现：噻吩上硫原子中的自由电子易于配位到 $FeCl_3$ 上。

由于 Fe^{3+} 的强氧化性，中性噻吩分子很容易被氧化成自由基阳离子。当自由基阳离子中脱去一个质子后，就形成了两个自由基。进一步自由基可与中性噻吩分子反应，从而逐步聚合形成聚噻吩。

四、仪器与试剂

仪器：两口圆底烧瓶（50mL），单口圆底烧瓶（250mL），恒压滴液漏斗（100mL、10mL 各 1 个），三通阀，分析天平，加热磁力搅拌器，涡旋混匀仪，凝胶渗透色谱仪，紫外-可见分光光度计，荧光分光光度计。

试剂：噻吩，氯仿，无水三氯化铁，甲醇，无水硫酸钠，五氧化二磷。

五、实验步骤

（1）重蒸氯仿：取 100mL 氯仿加入 2g 五氧化二磷，搅拌下回流 2h 后开始收集，制得无水氯仿。

（2）氮气保护下，将无水三氯化铁（1.05g，6.5mmol）分散无水三氯甲烷（25mL）。另在氮气保护下，将噻吩（0.273g，3.25mmol）溶解于无水 $CHCl_3$（25mL）。

（3）冰浴下，将 $FeCl_3$ 的三氯甲烷溶液逐滴加入反应体系。

（4）体系加热至 35℃，避光搅拌反应 2h。

（5）停止反应后，体系先用 0.01mol/L 盐酸洗一遍，再用含有三乙醇胺（5%，质量体积比）和柠檬酸钠（36.7g/L）的混合溶液洗三次，最后用氟化铵（10%，质量体积比）洗一次，使铁离子完全除去。

（6）分液收集有机相，用无水硫酸钠干燥 4～6h，最后蒸除有机溶剂。

（7）旋干溶剂后，得到的固体用少量氯仿溶解，再用甲醇重沉淀，得到线型聚噻吩固体并于真空干燥箱内干燥，称重计算产率。

（8）GPC 表征聚合物的聚合度和分子量。

（9）将线型聚噻吩溶于氯仿，测定其紫外-可见光光谱和荧光光谱。

六、实验报告

1. 实验目的
2. 实验原理
3. 主要试剂及其物理常数

将主要试剂及其物理常数填入表 1-17-1 中。

表 1-17-1　$FeCl_3$ 氧化聚合法制备聚噻吩实验条件

试剂	分子量	纯度	生产厂家	注意事项

4. 实验步骤与现象

将实验步骤与现象填入表 1-17-2 中。

表 1-17-2　$FeCl_3$ 氧化聚合法制备聚噻吩实验步骤与现象

实验步骤	现象

5. 实验数据处理

（1）以单体完全聚合为聚合产物的理论产值，从而计算聚合物的实际产率。

（2）用 origin 软件重新绘制聚噻吩溶液的紫外-可见光谱和荧光光谱，并分析给出聚合物的最大吸收波长、最大发射波长等信息。

6. 实验结果讨论

七、注意事项

（1）聚合反应所用氯仿需要保证无水，实验时注意环境湿度不能太大。

（2）聚合反应停止后，体系除三价铁离子时，注意控制体系的 pH，避免三价铁离子水解形成胶体而导致严重的乳化现象。

八、参考文献

［1］ Jaymand M，Sarvari R，Abbaszadeh P，et al. Development of novel electrically conductive scaffold based on hyperbranched polyester and polythiophene for tissue engineering applications［J］. J Biomed Mater Res A，2016，104：2673.

［2］ Abidian M R，Ludwig K A，Marzullo T C，et al. Interfacing conducting polymer nanotubes with the central nervous system：chronic neural recording using poly（3，4-ethylenedioxythiophene）nanotubes［J］. Adv Mater，2009，21（37）：3764.

［3］ de Cuendias A，Le Hellaye M，Lecommandoux S，et al. Synthesis and self-assembly of polythiophene-based rod-coil and coil-rod-coil block copolymers［J］. J Mater Chem，2005，15（32）：3264.

［4］ Kim Byoung-Suhk，Chen L，Osada Yoshihito，et al. Titration behavior and spectral transitions of water-soluble polythiophene carboxylic acids［J］. Macromolecules，

1999，32 (12)：3964.
[5] Tourillon G，Garnier F. New electrochemically generated organic conducting polymers [J]. J Electroanal Chem Interfacial Electrochem，1982，135 (1)：173.
[6] Heinze J，Frontana-Uribe B A，Ludwigs S. Electrochemistry of conducting polymers-persistent models and new concepts [J]. Chem Rev，2010，110：4724.
[7] So R C，Carreon-Asok A C. Molecular design，synthetic strategies，and applications of cationic polythiophenes [J]. Chem Rev，2019，119 (21)：11442.

九、知识拓展

除了化学氧化法外，聚噻吩的合成方法中常见的还有电化学氧化法和金属催化交叉偶联法等。

电化学氧化法最早是于 1982 年用于聚噻吩的合成，该法条件温和，产物纯度较高，也是一种常用的制备聚噻吩的方法。Heinze 等人提出电化学氧化法的一种可能机理，认为该法是通过一系列单体氧化、二聚以及质子释放反应等不断提高电极扩散层中噻吩寡聚体的浓度，随着寡聚噻吩的链进一步增长，最终得到长链聚噻吩。

金属催化交叉偶联法是通过使用一些金属（如钯、镍等）作为催化剂从而引发噻吩单体聚合的一种方法。常见的金属催化交叉偶联法有 McCullough 法、Grignard metathesis 法等，这类聚合过程中主要包含了氧化加成、金属转移、还原消除等三个步骤。相比于化学氧化法，金属催化交叉偶联法往往能够得到结构更为规整可控、光学性能更优的聚噻吩。

实验十八　制备高纯度硫酸钡与电导法测定其溶解度与溶度积

一、实验设计

超细硫酸钡是新型无机材料，不仅具有普通硫酸钡的功能，可应用于填料、涂料、油墨等行业，又在新材料如催化、非线性光学、医药等方面具有广阔应用前景。目前无机化学实验制备硫酸钡主要是传统验证性实验，对硫酸钡纯度要求不高。而用多种方法制备高纯度的硫酸钡，并用电导法测定所制备的硫酸钡的溶度积等性质，可以检验产品纯度。本实验的设计综合无机化学以及物理化学相关知识与实验技能。首先通过多种方法制备高纯度的硫酸钡粉末，并通过电导法测定所制备的硫酸钡粉末的溶解度与溶度积。与标准数值对比，检验所制备的硫酸钡粉末的纯度，确定最佳实验条件。

二、实验目的

1. 掌握乙二胺四乙酸（EDTA）配位法、微乳液法、超声沉淀法等制备方法。
2. 掌握电导法测定难溶盐溶解度的原理和方法。
3. 加深对溶液电导概念的理解及电导测定法的应用。

三、实验原理

1. 电导法测定难溶盐溶解度的原理

难溶盐如 $BaSO_4$、$PbSO_4$、AgCl 等在水中的溶解度很小，用一般的分析方法很难精确测定其溶解度。但难溶盐在水中微量溶解部分是完全电离的，因此，常用测定其饱和溶液电导率来计算其溶解度。

难溶盐的溶解度很小，其饱和溶液可近似为无限稀，饱和溶液的摩尔电导率 Λ_m 与难溶盐的无限稀释溶液中的摩尔电导率 Λ_m^∞ 是近似相等的，即

$$\Lambda_m \approx \Lambda_m^\infty$$

Λ_m^∞ 可根据科尔劳施离子独立运动定律，由离子无限稀释摩尔电导率相加而得。

在一定温度下，电解质溶液的浓度 c、摩尔电导率 Λ_m 与电导率 κ 的关系为

$$\Lambda_m = \frac{\kappa}{c} \tag{1-18-1}$$

电导率 κ 与电导 G 的关系为

$$\kappa = \frac{l}{A}G = K_{cell}G \tag{1-18-2}$$

确定 κ 值的方法是：先将已知电导率的标准 KCl 溶液装入电导池中，测定其电导 G，由已知电导率 κ，从式(1-18-2) 可计算出 K_{cell} 值。

难溶盐在水中的溶解度极微，其饱和溶液的电导率 $\kappa_{溶液}$ 实际上是盐的正、负离子和溶剂（H_2O）解离的正、负离子（H^+ 和 OH^-）的电导率之和，在无限稀释条件下有

$$\kappa_{溶液}=\kappa_{盐}+\kappa_{水} \tag{1-18-3}$$

因此，测定 $\kappa_{溶液}$ 后，还必须同时测出配制溶液所用水的电导率 $\kappa_{水}$，才能求得 $\kappa_{盐}$。

测得 $\kappa_{盐}$ 后，由式(1-18-1) 即可求得该温度下难溶盐在水中的饱和浓度 c，经换算即得该难溶盐的溶解度。

2. 溶液电导测定原理

电导是电阻的倒数，测定电导实际是测定电阻，采用较高频率的交流电，其频率高于 1000Hz。另外，构成电导池的两极采用惰性铂电极，以免电极与溶液间发生化学反应。

精密的电阻常数用图 1-18-1 所示的交流平衡电桥测量。其中 R_x 为电导池两极间的电阻。R_1、R_2、R_3 在精密测量中均为交流电阻箱（或高频电阻箱），在简单情况下 R_2、R_3 可用均匀的滑线电阻代替。这样，R_1、R_2、R_3 构成电桥的四个臂，适当调节 R_1、R_2、R_3，使 C、E 两点的电位相等，CE 之间无电流通过。电桥达到了平衡，电路中的电阻符合下列关系：

$$\frac{R_1}{R_x}=\frac{R_2}{R_3} \tag{1-18-4}$$

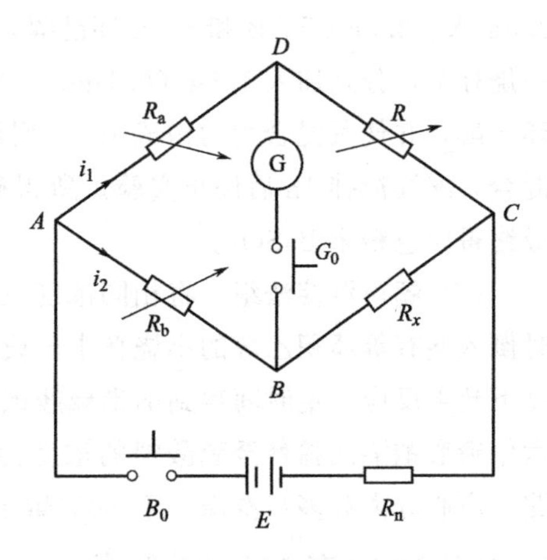

图 1-18-1 惠斯顿电桥

R_2/R_3 调节越接近 1，测量误差越小，D 为指示平衡的示零器，通常用示波器或灵敏的耳机。电源 S 常用音频振荡器或蜂鸣器等信号发生器。

温度对电导有影响，实验应在恒温下进行。图 1-18-1 为惠斯顿电桥。

四、仪器与试剂

仪器：惠斯顿电桥，超级恒温槽，DDS-11A 型电导率仪，烘箱，带盖锥形瓶，烧杯(100mL，250mL)，量筒，煤气灯，超声波清洗器。

试剂：

EDTA 配位法组：氯化钡（分析纯），无水硫酸钠（分析纯），乙二胺四乙酸二钠(EDTA-2Na，分析纯)，氨水（分析纯），无水乙醇（分析纯），去离子水。

微乳液法组：十六烷基三甲基溴化铵（CTAB，分析纯），环己醇（分析纯），氯化钡(分析纯)，硫酸铵（分析纯），去离子水。

超声沉淀法组：氯化钡（分析纯），无水硫酸钠（分析纯），无水乙醇（分析纯），六偏磷酸钠溶液（4g/L），去离子水。

材料：pH 试纸，称量纸，药匙。

五、实验步骤

1. 硫酸钡的制备

（1）EDTA 配位法组　在室温条件下，称取一定量 $BaCl_2 \cdot 2H_2O$，配成浓度为 0.20mol/L 的溶液，加入等物质的量的配位剂 EDTA-2Na，并用氨水调节体系 pH 值至 8～9，充分搅拌 30min，使氯化钡与 EDTA-2Na 充分配合。向上述溶液中滴加 0.25mol/L 的 Na_2SO_4 溶液，并维持搅拌。几分钟后开始出现白色沉淀，继续搅拌 1h，将所得沉淀用去离子水和乙醇离心洗涤数次，于 80℃烘干，最终得白色粉末 $BaSO_4$。

（2）微乳液法组　在 50mL 的烧杯中，分别加入 1.5g（0.1mol/L）的氯化钡水溶液、2.5g 水、2.5g CTAB 和 3.5g 环己醇，并使其混合均匀构成 W/O 型微乳液体系 1；在另一烧杯中，分别加入 1.5g（0.1mol/L）的硫酸铵水溶液、2.5g 水、2.5g CTAB 和 3.5g 环己醇，并使其混合均匀构成 W/O 型微乳液体系 2。将微乳液体系 1 迅速与微乳液体系 2 混合，继续搅拌 1h 后停止实验。所得硫酸钡沉淀经离心分离和多步洗涤，于 80℃烘干，最终得白色粉末 $BaSO_4$。

（3）超声沉淀法组　将相同浓度（0.25mol/L）、相同体积的 Na_2SO_4 和 $BaCl_2$ 溶液同时倒入盛有等体积乙醇的小烧杯中，设定超声功率比，同时开动超声波发生器，在一定温度下超声反应一定时间得到纳米硫酸钡乳液。取刚制得的硫酸钡乳液，用浓度为 4g/L 的六偏磷酸钠溶液稀释至硫酸钡的浓度为 0.3g/L，再用超声波清洗器超声分散 15min，沉淀经离心分离和多步洗涤，于 80℃烘干，最终得白色粉末 $BaSO_4$。

2. 测定 $BaSO_4$ 在 25℃的溶解度

（1）调节恒温槽温度在 (25±0.5)℃范围内。

（2）制备 $BaSO_4$ 饱和溶液。在干净带盖锥形瓶中加入少量 $BaSO_4$，用去离子水至少洗 3 次，每次洗涤需剧烈振荡，待溶液澄清后，倾去溶液再加去离子水洗涤。洗 3 次以上能除去可溶性杂质，然后加去离子水溶解 $BaSO_4$，使之成饱和溶液，并在 25℃恒温槽内静置，使溶液尽量澄清（该过程时间长，可在实验开始前进行），取用时用上部澄清溶液。

（3）测定电导池常数。测定 0.0200mol/L 的 KCl 溶液在 25.0℃的电导 G，求电导池常数。

（4）测定去离子水的电导率 $\kappa_{水}$，依次用蒸馏水、去离子水洗电极及锥形瓶各 3 次。在锥形瓶中装入去离子水，放入 25℃恒温槽恒温后测定水的电导 $G_{水}$，由电导池常数公式［式(1-18-2)］求 $\kappa_{水}$。

（5）测定 25℃饱和 $BaSO_4$ 溶液的电导率 κ_{BaSO_4}。将测定过水的电导电极和锥形瓶用少量 $BaSO_4$ 饱和溶液洗涤 3 次，再将澄清的 $BaSO_4$ 饱和溶液装入锥形瓶，插入电导电极，由测定的 $G_{溶液}$ 计算 $\kappa_{溶液}$。测量电导需在恒温后进行，每种 G 测定需进行 3 次，取平均值。

（6）实验完毕，洗净锥形瓶、电极，在瓶中装入蒸馏水，将电极浸入水中保存，关闭恒温槽及电导仪电源开关。

六、实验报告

1. 实验目的
2. 实验原理
3. 实验数据记录

气压：________kPa　　室温：________℃　　实验温度：________℃

将实验数据记录于表 1-18-1 中。

表 1-18-1　实验数据记录

次数	电导池常数 /cm^{-1}	水的电导率		饱和溶液电导率	
		$G_{水}$/μs	$\kappa_{水}$/(S/m)	$G_{溶液}$/μs	$\kappa_{溶液}$/(S/m)
1					
2					
3					
平均值					

4. 实验数据处理

(1) 根据实验所测 0.02mol/L 的标准 KCl 溶液的电导 G_{KCl} 以及由表 1-18-2 查得的该标准液在实验温度下的 k_{KCl} 值，由式(1-18-2) 计算电导池常数 K_{cell}。

表 1-18-2　KCl 溶液的电导率　　单位：S/cm

t/℃	$c^{①}$/(mol/L)			
	1.000	0.1000	0.0200	0.0100
0	0.06541	0.00715	0.001521	0.000776
5	0.07414	0.00822	0.001752	0.000896
10	0.08319	0.00933	0.001994	0.001020
15	0.09252	0.01048	0.002243	0.001147
16	0.09441	0.01072	0.002294	0.001173
17	0.09631	0.01095	0.002345	0.001199
18	0.09822	0.01119	0.002397	0.001225
19	0.10014	0.01143	0.002449	0.001251
20	0.10207	0.01167	0.002501	0.001278
21	0.10400	0.01191	0.002553	0.001305
22	0.10594	0.01215	0.002606	0.001332
23	0.10789	0.01239	0.002659	0.001359
24	0.10984	0.01264	0.002712	0.001386
25	0.11180	0.01288	0.002765	0.001413

续表

t/℃	c[①]/(mol/L)			
	1.000	0.1000	0.0200	0.0100
26	0.11377	0.01313	0.002819	0.001441
27	0.11574	0.01337	0.002873	0.001468
28		0.01362	0.002927	0.001496
29		0.01387	0.002981	0.001524
30		0.01412	0.003036	0.001552
35		0.01539	0.003312	
36		0.01564	0.003368	

①在空气中称取74.56g KCl，溶于18℃水中，稀释到1L，其浓度为1.000mol/L（密度1.0449g/cm^3），再稀释得其他浓度溶液。

引自：复旦大学，武汉大学，中国科学技术大学，等．物理化学实验．3版．北京：高等教育出版社，2004.

（2）由$\kappa_{水}=K_{cell}G_{水}$计算水的电导率。

（3）由$\kappa_{溶液}=K_{cell}G_{溶液}$计算$BaSO_4$饱和溶液电导率。

（4）κ_{BaSO_4}可由下式求得

$$\kappa_{BaSO_4}=\kappa_{溶液}-\kappa_{水}$$

（5）由物理化学手册查得$\frac{1}{2}Ba^{2+}$和$\frac{1}{2}SO_4^{2-}$在25℃的无限稀释摩尔电导，计算$\Lambda_{m,BaSO_4}$。

$$\Lambda_{m,BaSO_4}=2\Lambda_{m,\frac{1}{2}BaSO_4}\approx 2\Lambda^{\infty}_{m,\frac{1}{2}BaSO_4}$$

（6）由式(1-18-1)计算c_{BaSO_4}，计算溶度积。

由$\Lambda_m=\frac{\kappa}{c}$得

$$c_{BaSO_4}=\frac{\kappa_{BaSO_4}}{\Lambda_{m,BaSO_4}}$$

$$K_{sp}=(c_{BaSO_4})^2$$

（7）计算溶解度。将c_{BaSO_4}换算为b_{BaSO_4}（因溶液极稀，设溶液密度近似等于水的密度，并设$\rho_{水}=1\times10^{-3}kg/m^3$便可换算）。溶解度是溶解物质的质量除以溶剂质量所得的商，所以$BaSO_4$的溶解度为$b_{BaSO_4}M_{BaSO_4}$。

$$b_{BaSO_4}=\frac{n_{BaSO_4}}{m_{溶剂}}=\frac{c_{BaSO_4}V_{溶液}}{m_{溶剂}}$$

$$m_{溶剂}=m_{溶液}-m_{溶质}=\rho V_{溶液}-c_{BaSO_4}V_{溶液}M_{BaSO_4}$$

则

$$b_{BaSO_4}=\frac{c_{BaSO_4}V_{溶液}}{\rho V_{溶液}-c_{BaSO_4}V_{溶液}M_{BaSO_4}}=\frac{c_{BaSO_4}}{\rho-c_{BaSO_4}M_{BaSO_4}}$$

$$溶解度\ S=b_{BaSO_4}M_{BaSO_4}=\frac{c_{BaSO_4}M_{BaSO_4}}{\rho-c_{BaSO_4}M_{BaSO_4}}$$

5. 实验结果分析与讨论

七、注意事项

（1）由于电导率的测量受溶液离子数的影响较大，因此第一周洗涤烘干之后，在第二周测电导率之前仍然要经过洗涤步骤。

（2）电导测量要在相同温度下进行。

八、参考文献

[1] 祁琪，孙青，张俭，等．超细沉淀硫酸钡的制备及研究进展 [J]. 无机盐工业，2018，50（05）：15.

[2] 黄洁芳，刘俊康．粒度及分布可控的亚微米级硫酸钡的制备研究 [J]. 应用化工，2015，44（03）：423.

[3] 陈丽萍．硫酸钡微/纳结构材料的微乳液合成与形貌控制 [J]. 无机盐工业，2014，46（04）：14.

[4] 李永辉．超声波法制备纳米硫酸钡的研究 [J]. 煤炭与化工，2014，37（11）：11.

九、知识拓展

为什么晶体制备过程中需要一定时间的陈化？

沉淀完全后，让初生成的沉淀与母液一起放置一段时间，这个过程称为“陈化”，其目的是：①去除沉淀中包藏的杂质；②让沉淀晶体生长，增大晶体粒径，并使其粒径分布比较均匀。

原理：同样物质微小颗粒的溶解度要比大颗粒的大，小颗粒的溶解促使大颗粒的成长。由开尔文（Kelvin）公式相关形式 $\ln(c/c^*)=2\sigma M/prRT$ 可看出，颗粒越细，溶解度越大。在大颗粒和细颗粒沉淀粒子同时存在的情况下，若大颗粒沉淀处于饱和状态，则小颗粒沉淀必然不饱和，其结果是小颗粒沉淀物溶解增大了溶液的浓度。由于溶液浓度超过了大颗粒沉淀物的饱和浓度，溶质又可以在大颗粒表面上沉淀出来，从而使大颗粒继续长大。这种通过溶解-再沉淀，物质由小颗粒转移到大颗粒表面上而使沉淀粒子成长的现象叫再凝结，又称为奥斯特沃尔德（Ostwald）陈化。在同一晶体内也会发生 Ostwald 陈化现象。由于粒度之间的差别，诱发了 Ostwald 熟化作用（Ostwald ripening）。粒度较小的颗粒的溶解度大，溶解后又沉积到粒度较大的颗粒上，总的粒子数下降。再凝结或 Ostwald 陈化现象不仅发生在沉淀过程结束之后，也发生在沉淀进行过程中。它促使沉淀物粒子长大，所以有利于生成大颗粒沉淀物。

实验十九　镀锌板无铬钝化液的制备及其防腐性能表征

一、实验设计

金属腐蚀对经济带来巨大损失，据统计，全世界每年由于腐蚀而报废的金属设备和材料，约占金属年产量的1/3，金属腐蚀造成的直接经济损失可达7000亿美元。传统且成熟的钝化技术是铬酸盐钝化，但该工艺中六价铬有毒，具有致癌性，同时，六价铬作为重金属会严重污染环境。2003年欧盟ROHS指令颁布，规定从2006年7月1日起，新进入欧盟市场的电子电器不得含有超过标准要求的铅、汞、镉、六价铬、聚溴二苯醚和聚溴联苯六种有害物质，因此，无铬钝化技术应运而生，来取代传统的铬酸盐钝化工艺，达到绿色环保目的。

二、实验目的

1. 了解镀锌板无铬钝化目前现状、制备工艺。
2. 掌握无铬钝化的防腐机理。
3. 掌握利用电化学工作站测试钝化膜的腐蚀电流（即腐蚀速率）和交流阻抗。
4. 学习中性盐雾箱的使用方法。
5. 学会用正交法设计实验方案。

三、实验原理

当前国内外对镀锌板无铬钝化的研究已取得一定进展，主要研究方向集中在以下几点：①无机类无铬钝化，如钼酸盐、钨酸盐、硅酸盐等；②有机类无铬钝化，如植酸、油酸、有机硅烷等；③有机-无机复合钝化。

本实验主要采用有机-无机复合钝化工艺，即采用有机硅烷、乳液、树脂等有机组分作为成膜物质，添加钼酸盐、钨酸盐、硅酸盐等无机组分作为缓蚀剂，填充在有机膜空隙中，达到延缓腐蚀的效果。

有机组分以硅烷偶联剂为例，热镀锌板浸入钝化液后，溶液中水解好的硅醇Si—OH自发地通过氢键吸附到镀锌层表面，在烘干固化的过程中硅醇Si—OH与镀锌层表面的Zn—OH形成共价金属硅氧烷键Si—O—Zn，膜层中硅烷之间的羟基发生缩聚形成Si—O—Si键，树脂中的羟基和羧基与硅烷、无机缓蚀剂等发生交联反应，同时树脂间脱水成膜，形成致密的网状结构，隔绝了镀锌板与外界的直接接触，以达到防腐蚀的效果。图1-19-1为无铬钝化产品的成膜机理。

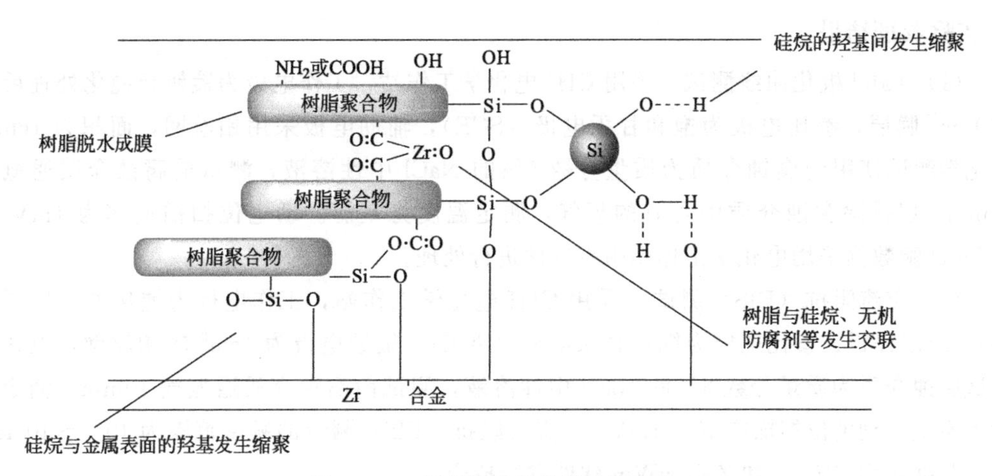

图 1-19-1　无铬钝化产品的成膜机理

四、仪器与试剂

仪器：超声波清洗器，烘箱，盐雾实验箱，磁力搅拌器，CHI 电化学工作站，三电极系统（工作电极为钝化处理后的镀锌钢板，测试面积为 $1cm^2$，参比电极为饱和甘汞电极，辅助电极为 $1cm^2$ 的铂丝网，电化学测试腐蚀介质为质量分数 5%的 NaCl 中性溶液），培养皿。

试剂：水性丙烯酸乳液，环氧树脂乳液，硅烷偶联剂 KH-560，钼酸钠，硝酸锆，氢氧化钠，硅酸钠，氯化钠，硫酸铜，丙酮，去离子水等。

材料：镀锌板，镊子，pH 试纸，称量纸，药匙，脱脂棉，美工刀，直尺，3M 胶带等。

五、实验步骤

1. 镀锌板预处理

将镀锌板放入丙酮中超声洗 15min 左右，取出擦洗干净放入含 1%氢氧化钠和 3%硅酸钠的碱溶液中浸泡 3min，取出用去离子水反复冲洗，擦干，备用。

2. 钝化液的制备

在 100mL 烧杯中，将丙烯酸和硅烷偶联剂等有机组分、钼酸钠等无机组分、去离子水以及部分助剂按照一定比例混合，搅拌约 1～2h，得钝化液。按照正交方法，设计多组实验，对比效果。

3. 钝化工艺

将处理好的镀锌板放入盛有钝化液的培养皿中，浸泡 1min，取出放入准备好的培养皿中，放入烘箱中烘干处理。烘箱温度设置为 120℃，烘烤 30min 左右即可取出。

4. 实验表征结果

（1）Tafel 极化曲线测试　采用 CHI 电化学工作站，工作电极为镀锌板钝化处理后预留 $1cm^2$ 膜层，参比电极为饱和甘汞电极（SCE），辅助电极采用铂丝网，面积为 $1cm^2$，电化学测试使用的腐蚀介质为质量分数 5%的 NaCl 中性溶液，测试前腐蚀介质通氮气 10min，以排除腐蚀介质中含有的氧气，测定温度为室温。动电位扫描速率为 1mV/s，Tafel 试验数据采用电化学工作站附带软件进行处理。

（2）交流阻抗（EIS）测试　采用 CHI 电化学工作站，工作电极为钝化处理后预留 $1cm^2$ 的镀锌板，参比电极为饱和甘汞电极（SCE），辅助电极为 $1cm^2$ 的铂丝网，电化学测试腐蚀介质为质量分数 5%的 NaCl 中性溶液，测试前腐蚀介质通氮气 10min，测定温度为室温。动电位扫描速率为 1mV/s，交流阻抗（EIS）测量的频率范围为 10^{-2}～10^5Hz，实验数据采用 ZView 和 ZSimpWin 软件进行拟合。

（3）硫酸铜点滴实验　配置 5%硫酸铜溶液，用滴管滴 1 滴 5%硫酸铜溶液在烘好的试样表面，用秒表记录其第一个黑点出现的时间，上中下分别滴 3 次取平均值，各试样取 3 片。

（4）中性盐雾实验　按照国家标准 GB/T 2423.17—2008 对钝化样品进行中性盐雾实验，配置 5%的氯化钠水溶液，pH 值调节为 6.2～7.2，盐雾箱内温度设置为 35℃左右，盐雾沉降量设置为 1～$2mL/80cm^2 \cdot h$，板材与垂直方向为 15°～30°，连续喷雾，每隔 24h 观察其表面腐蚀程度和锈蚀面积。

（5）附着力测试　通过划格试验来测试钝化膜与镀锌板表面的附着力。划格实验按照国标 GB/T 9286—2021，用美工刀在钝化膜表面划 1mm×1mm 格，纵横不少于 5mm，然后用细毛刷轻刷膜表面，用透明胶带将样板密封 6min，最后垂直迅速拉出胶带，观察切割部分涂层的脱落面积。附着力级别标准见表 1-19-1。

表 1-19-1　附着力级别标准

级别	标准
0 级	无一脱落
1 级	脱落面积不大于 5%
2 级	脱落面积 5%～15%
3 级	脱落面积 15%～35%
4 级	脱落面积 35%～65%
5 级	脱落面积不小于 65%

六、实验报告

1. 实验目的
2. 实验原理
3. 主要试剂及其物理常数

将主要试剂及其物理常数填入表 1-19-2 中。

表 1-19-2　镀锌板无铬钝化液的制备实验条件

试剂	分子量	熔点/℃	沸点/℃	注意事项

4. 实验步骤与现象

将实验步骤与现象填入表 1-19-3 中。

表 1-19-3　镀锌板及无铬钝化液的制备实验步骤与现象

实验步骤	现象

5. 实验数据处理

6. 实验结果讨论

七、注意事项

(1) 镀锌板预处理时用氢氧化钠和硅酸钠溶液洗涤，碱性溶液对皮肤有腐蚀和刺激性，注意做好个人防护，并思考镀锌板碱洗的原因是什么。

(2) 附着力测试时，需用美工刀进行画格，一定注意安全，不要划伤。

(3) 硫酸铜点滴测试，出现黑变的原因是什么，仔细观察，出现黑变第一时间记录。

八、参考文献

[1] 张慧敏，伍林，易德莲，等．热镀锌钢板无铬钝化膜的改性及其耐蚀性能 [J]. 材料保护，2012，45 (1)：4.

[2] 叶鹏飞，徐丽萍，张振海，等．镀锌板水性环氧树脂复合钝化膜的耐蚀性能 [J]. 材料保护，2012，45 (11)：6.

[3] 田飘飘，徐丽萍，张振海，等．镀锌板硅烷-硝酸锆复合转化膜的性能与表征 [J]. 表面技术，2014，43 (1)：71.

[4] 叶鹏飞，徐丽萍，张振海，等．镀锌钢板表面有机硅烷-氟钛酸复合钝化膜的耐蚀性能及成膜、耐蚀机理 [J]. 材料保护，2013，46 (6)：4.

[5] 张振海．镀锌宽带钢无机-有机复合钝化液的制备及抗腐蚀性能 [D]. 合肥：安徽工业大学，2014.

[6] 汤晓东，张振海，徐丽萍，等．纳米 SiO_2 的改性及其对水性聚氨酯树脂复合涂层性能的影响 [J]. 表面技术，2013，42 (4)：12.

[7] 王秀华，孙红霞，刘守华．硅溶胶改性有机-无机杂化纳米薄膜的制备及性能测试

[J]. 腐蚀与防护，2008，29 (1)：25.
[8] 宫丽，卢燕平 . 纳米硅溶胶/丙烯酸复合防蚀薄膜的研究 [J]. 材料保护，2005，38 (1)：17.
[9] Hao Y S，Liu F C，Han E H，et al. The mechanism of inhibition by zinc phosphate in an epoxy coating [J]. Corrosion Science，2013，69：77.
[10] 刘福春，韩恩厚，柯伟 . 纳米氧化硅复合环氧和聚氨酯涂料耐磨性与耐蚀性研究 [J]. 腐蚀科学与防护技术，2009，21 (5)：432.
[11] 李恒，李澄，王加余，等 . 硅烷偶联剂 KH550 对正硅酸乙酯杂化涂层抗腐蚀性能的影响 [J]. 腐蚀科学与防护技术，2011，23 (1)：48.

九、知识拓展

镀锌板是指表面镀有一层锌的钢板。镀锌是一种经常采用的经济而有效的防锈方法，世界上锌产量的一半左右均用于此种工艺。

按生产及加工方法可分为以下几类：热浸镀锌钢板、合金化镀锌钢板、电镀锌钢板、单面镀和双面差镀锌钢板、合金复合镀锌钢板，除上述五种外，还有彩色镀锌钢板、印花涂装镀锌钢板、聚氯乙烯叠层镀锌钢板等。但目前最常用的仍为热浸镀锌钢板。

镀锌板在整个使用周期内，首先发生的腐蚀是表面镀锌层的氧化，生成“白锈”。时间稍长之后，表面的“白锈”进一步在潮湿的空气中与二氧化碳等杂质气体反应，生成“黑斑”。当镀锌板使用了较长的时间，镀锌层腐蚀较严重以后，钢基失去了锌的“牺牲防腐”作用，便开始氧化，生成“红锈”。一旦钢基开始氧化，腐蚀速率就变得很快，镀锌板也就结束了其寿命。因此，为了延长使用寿命和减少经济损失，镀锌板表面需做防腐处理。

实验二十　纳米氧化铜的制备及电催化合成氨应用

一、实验设计

氧化铜，分子式 CuO，为间接带隙半导体，不溶于水和乙醇，易溶于酸，对热稳定，广泛应用于玻璃、陶瓷、石油脱硫、催化及电池等领域。材料性能与形貌、颗粒大小等因素密切相关。纳米材料比表面积大，相比体相材料，暴露的反应活性位点更多，更有利于提高利用效率。本实验包括纳米氧化铜的制备、表征、电化学测试等过程，涉及无机化学、分析化学、物理化学等基本实验操作，适用于综合化学教学实验，具有一定的应用性和创新性。

二、实验目的

1. 了解氧化铜的性质及应用。
2. 了解电催化硝酸根还原合成氨的原理和应用。
3. 掌握 X 射线衍射仪、紫外分光光度计的使用及图谱分析方法。
4. 掌握纳米氧化铜的制备及电化学性能测试方法。

三、实验原理

室温固相合成法是 20 世纪 80 年代发展的一种材料制备方法，具有操作方便、合成工艺简单、粒径均匀、污染少等特点，反应过程涉及扩散—反应—成核—生长四个阶段，本节涉及纳米氧化铜的制备，通过 X 射线衍射仪表征氧化铜的组成和粒径等参数，测定纳米氧化铜作为电催化剂还原硝酸根合成氨的性能。

纳米氧化铜制备过程中涉及的反应方程式如下：

$$Cu^{2+}+2NaOH \xlongequal{} Cu(OH)_2+2Na^+$$

$$Cu(OH)_2 \xlongequal{} CuO+H_2O$$

通过具有操作简便、效率高和环境友好等优势的电化学方法，用纳米氧化铜作为催化剂，可在常温常压下将硝酸根还原转化为氨。电催化硝酸根还原合成氨的机理方程为：

$$NO_3^-+9H^++8e^- \xlongequal{} NH_3+3H_2O$$

采用靛酚蓝显色法，通过紫外分光光度计对反应后产氨的浓度进行检测。靛酚蓝显色原理为 pH＝12 左右条件下，通过亚硝基铁氰化钠及次氯酸钠作用，与水杨酸生成蓝绿色的靛酚蓝，根据着色深浅，通过紫外分光光度计测定溶液在不同波长下的吸光度值，波长范围为 800～500nm，扫速为 240nm/min，对照标准曲线得到氨浓度。

氨产率计算公式如下：

$$V_{NH_3}=\frac{c_{NH_3}V}{tS} \tag{1-20-1}$$

式中，c_{NH_3} 是反应后的氨浓度，mg/L；V 是电解液体积，L；S 是电极片面积，cm^2；t 是测试时间，h。

四、仪器与试剂

仪器：烘箱，玛瑙研钵，护目镜，循环真空水泵，砂芯过滤器，电化学工作站，X射线衍射仪，紫外-可见分光光度计，比色皿，超声清洗仪，移液枪，H型电解池，玻碳电极夹，饱和甘汞电极，铂片电极，分析天平，量筒，容量瓶，烧杯，培养皿。

试剂：无水乙醇，蒸馏水，水杨酸钠（$C_7H_5O_3Na$），亚硝基铁氰化钠［$Na_2Fe(CN)_5NO\cdot 2H_2O$］，次氯酸钠（NaClO），氢氧化钠（NaOH），硝酸钠（$NaNO_3$），十水合硫酸钠（$Na_2SO_4\cdot 10H_2O$），二水合氯化铜（$CuCl_2\cdot 2H_2O$），五水合硫酸铜（$CuSO_4\cdot 5H_2O$），一水合醋酸铜［$(CH_3COO)_2Cu\cdot H_2O$］，Nafion 溶液。

上述实验试剂均为分析纯，未经进一步处理直接使用。

材料：称量纸，滤纸，碳纸，药匙，镊子，样品管。

五、实验步骤

1. 纳米氧化铜的合成

戴护目镜称取 1mmol 铜盐（氯化铜、硫酸铜、醋酸铜）与 3mmol 氢氧化钠置于玛瑙研钵中，在通风橱中研磨 10min，生成黑色产物，通过砂芯过滤器及循环真空水泵，使用蒸馏水和无水乙醇交替洗涤产物三次，自然干燥后，称重收集。

2. 纳米氧化铜的表征

采用 Ultima Ⅳ型 X 射线衍射仪测定样品的物相结构，X 射线光源为 Cu-Kα，波长为 0.15418nm。扫描角范围在 5°～80°，扫速为 10°/min，管电流为 100mA，电压为 40kV。将材料的衍射峰图与标准卡片进行比对，获得样品的相组成、结晶度和颗粒尺寸，确定物质组成。

3. 电化学性能测试

（1）工作电极制备　取 10mg 纳米氧化铜分散在 950μL 乙醇中，加入 50μL Nafion 溶液，超声 1h 分散均匀后，取 100μL 上述分散液滴加到 1cm×1cm 碳纸上，真空烘箱干燥过夜。

（2）电化学合成氨性能测试　采用 H 型密闭电解池，通过电化学工作站进行电化学合成氨测试，其中工作电极（阴极）为玻碳电极夹固定的涂有氧化铜的碳纸电极，参比电极为饱和甘汞电极，对电极为 Pt 片。以 0.5mol/L 的硫酸钠为电解液，50～400mg/L 氮浓度的硝酸钠为电解物。线性伏安扫描曲线测试电压区间为－0.1～－1.8V，扫描速率为

10mV/s，恒电压扫描曲线的电压测试范围−1.5～−1.9V（相对于甘汞电极），测试时间为0.5h。

(3) 氨产率计算　取4mL反应后的电解液于样品管中，加入0.32mL 0.32mol/L的NaOH溶液（含0.4mol/L水杨酸钠），接着加入2.4mL 0.75mol/L的包含NaClO（ρ_{Cl}=4～4.9）的氢氧化钠溶液，再加入0.8mL质量分数为1%的亚硝基铁氰化钠溶液，振荡摇匀后静置等待4h。使用紫外-可见分光光度计测定静置后的溶液的吸光度值，并与标准曲线进行对照，得到反应后的氨浓度，进而计算出氨产率。

六、实验报告

1. 实验目的
2. 实验原理
3. 主要试剂及其物理常数

将主要试剂及其物理常数填入表1-20-1中。

表1-20-1　纳米氧化铜的制备及电催化合成氨应用实验条件

试剂	分子量	使用注意事项

4. 实验步骤与现象

将实验步骤与现象填入表1-20-2中。

表1-20-2　纳米氧化铜的制备及电催化合成氨应用实验步骤与现象

实验步骤	实验现象

5. 实验数据处理
6. 实验结果讨论
7. 实验反思

七、注意事项

(1) 制备氧化铜实验时需全程佩戴手套和防护镜，且须在通风橱中进行。

(2) 注意观察试剂先研磨再混合研磨与直接混合研磨后得到的纳米氧化铜X射线衍射图谱的区别并记录。

（3）配制用于检测氨浓度的标准曲线溶液时，注意保持溶液体系与电催化反应电解液一致。

八、参考文献

[1] 杨彧，贾殿赠，葛炜炜，等．低热固相反应制备无机纳米材料的方法 [J]. 无机化学学报，2004，8：882.

[2] Niu H，Zhang Z F，Wang X T，et al. Theoretical insights into the mechanism of selective nitrate-to-ammonia electroreduction on single-atom catalysts [J]. Advanced Functional Materials，2021，31：2008533.

[3] Langevelde P H van，Katsounaros I，Koper M T M. Electrocatalytic nitrate reduction for sustainable ammonia production [J]. Joule，2021，5 (2)：290.

[4] Zhang X，Wang Y T，Zhang B，et al. Recent advances in non-noble metal electrocatalysts for nitrate reduction [J]. Chemical Engineering Journal，2021，403：126269.

[5] Wang Y T，Yu Y F，Jia R R，et al. Electrochemical synthesis of nitric acid from air and ammonia through waste utilization [J]. National Science Review，2019，6：730.

九、知识拓展

1. 低温固相反应及其影响因素

固相反应常指固体与固体间发生化学反应，生成新固体产物的过程，具有高选择性、高产率、工艺过程简单等优点。固相反应一般分为高温（600℃以上）、中温（100～600℃）、低温（100℃以下）三类，其中低温固相反应是一个发展中的研究方向，但前景广阔，适用于无机纳米材料的制备。低温固相反应制备无机纳米材料主要分为直接反应法、氧化法、添加无机盐法、添加表面活性剂法、前驱体法、配体法、粒子重排法等。直接反应法应用最为广泛，通过将两种或两种以上的反应物直接混合，反应条件要求不高，操作简便，一般采用研磨等手段来加快反应速率，经过超声洗涤和离心分离去除副产物从而得到纯净的产物，常用于零维纳米粒子制备。

从微观角度看，反应物通过研磨达到了微米级混合以充分接触，使得低温固相反应得以进行。反应过程中，反应物的表层分子首先相互接触发生反应，且在短时间内达到一定表面深度，能同时生成几十、几百乃至上千的产物分子，不同数量的产物分子团聚在一起，即得到纳米颗粒。由于产物晶体结构不同于反应物，产物分子团很快从反应物上脱落下来，内层反应物分子可继续接触反应。

固体之间要发生反应必须使分子间有更多的接触机会。因此，研磨、高压或超声波等是增加分子接触、利于分子扩散的有效手段。此外，固体物质在强机械力作用下会在内部产生大量缺陷，将一部分机械能转变为化学能储存起来，处于高能活性状态，能大幅提高其化学反应速率。在固相条件下，反应速率还常与反应物表面积成正比，反应物的颗粒尺寸不同，比表面积及固体缺陷结构也会发生变化。此外，有结晶水的反应体系要比没有的反应速率更快。在研磨及反应过程中，反应物会释放出结晶水，在其表面形成液膜并使部分反应物溶解，溶解的反应物在液膜中传质速度较快，会加快反应速率。但微量溶剂的存在不会改变反应方向和限度，只起到加速和降低反应温度的作用。

2. 电催化硝酸根还原合成氨反应

近年来，大量氮肥的施用及生活污水和工业废水的不合理处置，导致地下水受到硝酸盐的污染，长期饮用后会危害人体健康，因而，开发硝酸盐脱除技术刻不容缓。然而，硝酸盐极易溶于水，不易形成共沉淀物，且较为稳定，难被吸附，常规水处理技术并不适用。虽可通过自然界中的微生物作用将硝酸盐还原成亚硝酸盐，但亚硝酸盐会引发癌症，反渗透、离子交换等技术也受到成本高、工艺流程复杂等因素的限制。相比于难被回收的硝酸盐，氨（铵）更容易通过再生树脂从水溶液中被收集。在常温常压下将硝酸根还原转化为氨，不仅能够除去水中危害人体健康的硝酸根，还能够生成氮肥、塑料、纤维等化工产品的合成原料氨，具有重要的环保和节能意义。一方面，电催化硝酸根还原合成氨技术可克服传统工业上 Haber-Bosch 合成氨工艺制备条件苛刻、能耗大、温室气体排放严重等问题；另一方面，硝酸盐的键能（204kJ/mol）相比氮气（941kJ/mol）小，能大大降低反应能垒，相比氮气电催化还原，硝酸根转化成氨更易发生。图 1-20-1 所示为硝酸铵的概念循环图。

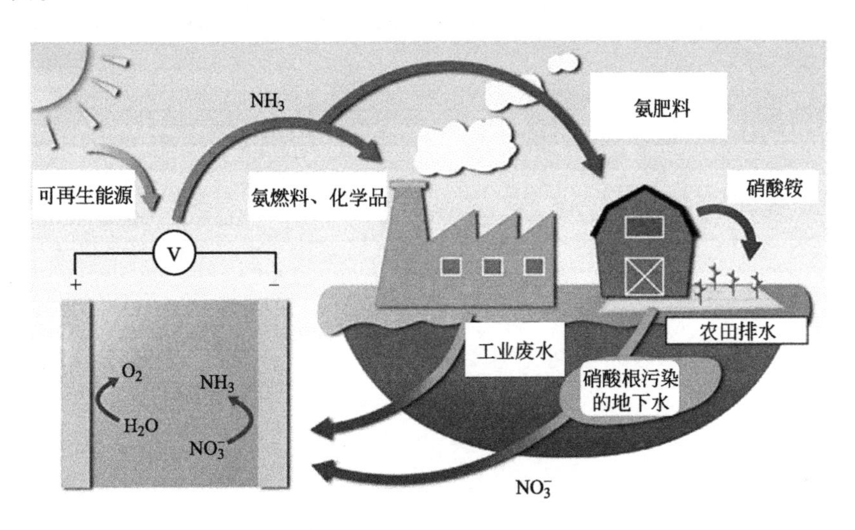

图 1-20-1　硝酸铵的概念循环图

目前，硝酸根还原反应仍存在转化率低、氨选择性差和副产物浓度偏高等问题，因此，高效催化剂的开发研究至关重要。已有研究表明，Cu、Ru 基催化剂的氨选择性较高，而 Fe、Co、Ni 等金属更倾向于将硝酸根转化成 N_2。因此，制备铜基纳米催化剂对于从基础认识到合理设计硝酸根还原制氨电催化剂都具有重要意义。图 1-20-2 所示为电催化硝酸根还原装置及原理公式和电催化硝酸根还原机理。

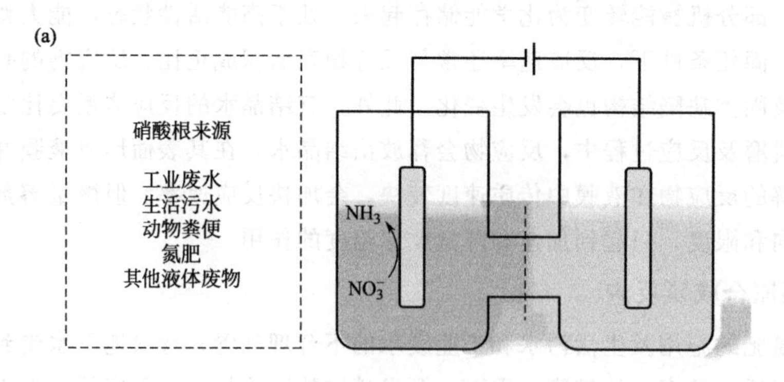

(b)

$$NO_3^-(aq) \rightleftharpoons NO_3^-(ads) \xrightarrow[2H^+ \ \ H_2O]{2e^-} NO_2^-(ads) \xrightarrow[2H^+ \ \ H_2O]{e^-} NO(ads) \xrightarrow[NO(aq)2H^+ \ \ H_2O]{2e^-} N_2O(ads) \xrightarrow[2H^+ \ \ H_2O]{2e^-} N_2$$

$$NO_3^-(ads) \xrightarrow[H_2O]{2H(ads)} NO_2^-(ads)$$

$$NO(ads) \xrightarrow[H_2O]{5e^- \ \ 5H^+} NH_3$$

$$NO_2^-(ads) \xrightarrow[H(ads) \ \ OH^-]{} NO(ads) \xrightarrow[2H(ads) \ \ H_2O]{} N(ads) \xrightarrow[3H(ads)]{} NH_3$$

图 1-20-2 （a）电催化硝酸根还原装置及原理公式；（b）电催化硝酸根还原机理

实验二十一　胶体金溶液的制备与测定

一、实验设计

胶体金在弱碱的环境下带负电荷，因此可与蛋白质分子的正电荷基团形成牢固的结合，由于这种结合是静电结合所以不影响蛋白质的生物特性。胶体金颗粒除了能够与蛋白质结合以外，还可以与许多的其他物质成功结合，例如 SPA、PHA、ConA 等物质。本实验的设计涵盖了天然产物的提取、分离、纯化、鉴定等过程，涉及有机化学和分析化学的基本实验操作，是一个较为综合的化学教学实验。此外，本实验使用紫外分光光度计对胶体金溶液进行测定，增加了实验的动手能力和趣味性。

二、实验目的

1. 通过胶体金溶液的制备，了解金纳米颗粒的合成方法和步骤。
2. 了解紫外分光光度计的操作方法。
3. 掌握胶体金溶液制备的注意事项。

三、实验原理

胶体金的形成是由氯金酸（$HAuCl_4$）在还原剂如柠檬酸三钠、白磷、抗坏血酸、枸橼酸钠、鞣酸等化学物质的作用下，聚合还原成为特定大小形状的金颗粒，颗粒之间由于静电作用成为一种稳定的胶体状态。图 1-21-1 为胶体金合成实验示意图。

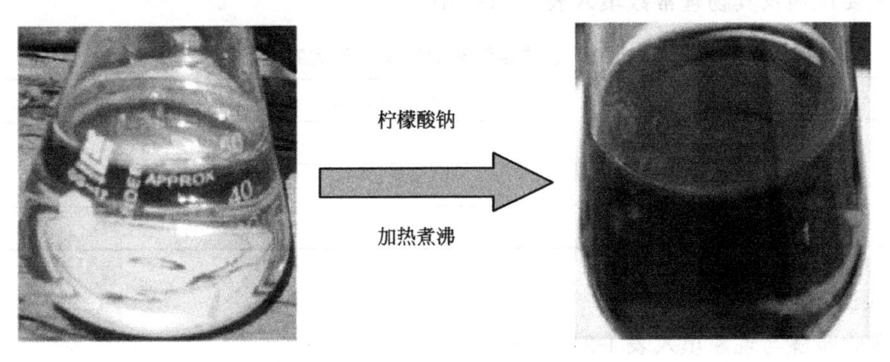

图 1-21-1　胶体金合成实验示意图

四、仪器与试剂

仪器：三口圆底烧瓶，200mL 量筒，油浴锅，玻璃塞，锡箔纸，磁力转子，烧杯，移液枪，紫外分光光度计，试剂瓶。

试剂：浓盐酸，浓硝酸，氯金酸，柠檬酸三钠，硅油，去离子水。

五、实验步骤

1. 胶体金溶液的制备

将三口圆底烧瓶用王水（浓盐酸∶浓硝酸＝3∶1）浸泡30h，然后用自来水和去离子水洗净。取200mL纯水加入1mL 2%氯金酸溶液，混合均匀后油浴（140℃）至沸腾，此过程大约需要15min（注意：油浴前要把烧瓶外表面擦干，并用锡箔纸代替其中一个瓶塞，并在锡箔纸上戳孔，防止加热过程中，瓶内压力太大）。在剧烈搅拌的前提下，一次性加入3～5mL 1%柠檬酸三钠，搅拌反应15min。加入后，溶液慢慢变黑。反应结束后，缓慢搅拌至凉，用去离子水将溶液总体积补至200mL制备完成，置于试剂瓶中4℃储存备用。

2. 胶体金溶液的紫外分光光度鉴定

把制备好的胶体金溶液和去离子水按体积1∶1稀释，用紫外分光光度计对胶体金颗粒在可见光范围内（400～650nm）进行扫描，获得胶体金可见光吸收光谱，测定最大吸收波长、吸光度值。

六、实验报告

1. 实验目的
2. 实验原理
3. 主要试剂及其物理常数

将主要试剂及其物理常数填入表1-21-1中。

表1-21-1 胶体金溶液的制备与测定实验条件

波长/nm	柠檬酸三钠/mL	最大吸收波长/nm	吸光度值

4. 实验步骤与现象

将实验步骤与现象填入表1-21-2中。

表1-21-2 胶体金溶液的制备与测定实验步骤与现象

实验步骤	现象

5. 实验数据处理
6. 实验结果讨论

七、注意事项

(1) 所准备的玻璃器皿必须彻底清洗，最好是经过硅化处理的玻璃器皿或用第一次配制的胶体金重新冲洗稳定的玻璃器皿，然后再用双馏水冲洗后再使用。否则会影响生物大分子与胶体金金颗粒的结合和活化后金颗粒的稳定性，因此不能获得预期大小的金颗粒。

(2) 所有试剂的配制必须保持严格的纯净，所有试剂都必须使用双馏水或三馏水并用去离子水进行配制使用，在临用前必须将配好的试剂经超滤或微孔滤膜（0.45mm）过滤，以除去其中的聚合物和其他可能混入的杂质。

(3) 配制胶体金溶液的 pH 以中性（pH=7.2）较好。

(4) 氯金酸的质量要求是上乘，杂质少的。

(5) 氯金酸配成 2%水溶液保存在 4℃可保持数月稳定不变，但由于氯金酸的易潮解性质，因此在配制时最好将整个小包装一次性溶解。

八、参考文献

[1] 顾菲菲，高海岗，陆建荣．不同粒径大小胶体金的制备 [J]. 中国畜牧兽医文摘，2013，10 (29)：45.

[2] 贺昕，熊晓东，梁敬博，等．免疫检测用纳米胶体金的制备及粒径控制 [J]. 稀有金属，2005，4：471.

[3] 孙秀兰，赵晓联，汤坚．单分散性胶体金的制备工艺优化 [J]. 免疫学杂志，2004，2：151.

九、知识拓展

金溶胶又称胶体金，是金盐被还原成金单质后形成的稳定、均匀、呈单一分散状态悬浮在液体中的金颗粒悬浮液。金溶胶颗粒由一个金原子及包围在外的双离子层构成。溶胶的颜色取决于分散相物质的颜色、分散相物质的分散度和入射光线的种类，是散射光线还是透射光，粒子越小，分散度越高，则散射光的波长越短。对同一种物质的水溶胶来说，粒子大小不同，呈现的颜色亦不同。如胶体金颗粒在 5～20nm 之间，吸收波长 520nm，呈红色的葡萄酒色；20～40nm 之间的金溶胶主要吸收波长 530nm 的绿色光，溶液呈深红色；60nm 的胶体金溶胶主要吸收波长 600nm 的橙黄色光，溶液呈蓝紫色。

实验二十二　PET瓶中游离对苯二甲酸的提取与检测

一、实验设计

聚对苯二甲酸乙二醇酯（PET，简称聚酯），俗称涤纶树脂，是常见的高分子材料，因性能优良而被广泛应用于食品、饮料、医药等行业。它由对苯二甲酸与乙二醇酯化后缩聚而成，合成过程中由于工艺的影响，PET成品中可能存在对人体有害的游离对苯二甲酸。本实验以废旧的PET瓶为样品，用碱性溶剂超声提取，通过液相色谱进行定性定量分析，实验的设计涵盖了提取、过滤与鉴定等过程，涉及有机化学和分析化学的基本实验操作，是一个较为综合的化学教学实验。此外，PET瓶在生活中随处可见，本实验不仅有助于学生了解PET瓶的合成工艺及潜在的危害，还有助于学生认识到化学与人们生活密切相关。

二、实验目的

1. 掌握聚对苯二甲酸乙二醇酯瓶中游离对苯二甲酸的提取方法。
2. 掌握标准溶液和流动相的配制方法。
3. 掌握高效液相色谱仪使用、色谱图与光谱图解析与外标定量方法。

三、实验原理

对苯二甲酸，又称*p*-苯二甲酸，是产量最大的二元羧酸，主要用于制造合成聚酯树脂、合成纤维和增塑剂等。对苯二甲酸常温下为固体，加热不熔化，300℃以上升华，虽然是低毒类物质，但是对眼睛、皮肤、黏膜和上呼吸道有刺激作用，对过敏症者可引起皮疹和支气管炎。图1-22-1所示为对苯二甲酸分子结构。

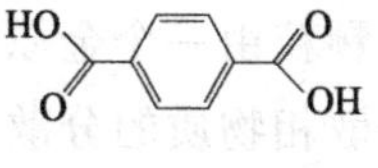

HO O O OH

图1-22-1　对苯二甲酸分子结构

对苯二甲酸常温下溶于碱溶液，微溶于热乙醇，不溶于水、乙醚、冰醋酸、乙酸乙酯、二氯甲烷、甲苯、氯仿等大多数有机溶剂。因此，本实验采用碱性溶液对PET瓶样品碎片进行超声提取，提取液经高效液相色谱分析。由于对苯二甲酸含有苯环和不饱和双键，有紫外吸收，可采用二极管阵列检测器进行检测，通过保留时间和光谱图进行定性，采用外标法定量。

四、仪器与试剂

仪器：分析天平，超声仪，pH 计，液相色谱仪（配二极管阵列检测器和 C_{18} 色谱柱，250mm×4.6mm，5μm）。

试剂：对苯二甲酸［CAS：100-21-0，标准品（纯度≥99.5%）］，甲醇（色谱纯），冰醋酸（色谱纯），氢氧化钠（分析纯），三水合醋酸钠（分析纯），磷酸，超纯水。

材料：矿泉水瓶，剪刀，称量纸，药匙，0.45μm 有机滤膜和水膜。

五、实验步骤

1. 溶液配制

（1）流动相的配制　称取 25.0g 三水合醋酸钠溶于 350mL 水中，加入 5.0mL 磷酸，用约 50mL 冰醋酸调节 pH 至 3.6，加水定容至 500mL，得到醋酸钠缓冲液。取醋酸钠缓冲液 150mL 加入 750mL 超纯水，作为流动相的水相。水相和有机相甲醇分别用 0.45μm 水膜和有机滤膜过滤，超声脱气。

（2）提取溶剂的配制　称取 1g 氢氧化钠溶于水中，并定容至 1000mL，得到 0.1%氢氧化钠水溶液。

（3）标准溶液的配制　精密称取对苯二甲酸 10mg 溶于 0.1%氢氧化钠水溶液，并定容至 100mL，得到 100μg/mL 标准中间液。使用前分别用 0.1%氢氧化钠水溶液将 100μg/mL 标准中间液稀释成 1.00μg/mL、2.00μg/mL、4.00μg/mL、6.00μg/mL、8.00μg/mL 和 10.00μg/mL。

2. 样品提取

将矿泉水瓶剪碎（颗粒直径小于 2mm），称取碎片 5.0g，加入 0.1%氢氧化钠水溶液 25mL，在 60℃条件下超声 20min，冷却至室温，取 1mL 提取液用 0.45μm 微孔滤膜过滤，得到待测液。各样品平行操作，得到 2 个平行待测液。

3. 仪器分析

分别打开液相色谱仪的高压泵、自动进样器、柱温箱、检测器各模块电源开关，打开电脑软件。设置色谱参数，流动相比例为甲醇 80%和水相溶液 20%，柱温为 30℃，紫外波长为 242nm，流速为 1.0mL/min，进样量为 10μL，全扫描波段为 190～400nm。参数设置完毕后，排气并平衡色谱柱，待压力稳定后方可进样。

将 0.1%氢氧化钠水溶液和 10.00μg/mL 对苯二甲酸标准溶液分别进仪器分析，根据色谱图确定目标物保留时间，根据光谱图确定最佳吸收波长。将 1.00μg/mL、2.00μg/mL、4.00μg/mL、6.00μg/mL 和 8.00μg/mL 对苯二甲酸标准溶液和平行待测液分别用仪器分析。样品做完后，要用溶剂清洗进样器，也要用适当的液体来清洗管路和色谱柱。

4. 数据处理

以对苯二甲酸浓度为横坐标，以 1.00μg/mL、2.00μg/mL、4.00μg/mL、6.00μg/mL

和 8.00μg/mL 标准溶液中对苯二甲酸的峰面积为纵坐标绘制标准曲线。根据样品检测的对苯二甲酸峰面积大小与标准曲线线性方程计算出或在仪器的标准曲线上读出待测液中对苯二甲酸浓度，并通过以下公式计算样品中对苯二甲酸含量：

$$X=\frac{C\times V\times 1000}{m\times 1000} \tag{1-22-1}$$

式中 X——样品中对苯二甲酸含量，mg/kg；

C——待测液中的对苯二甲酸浓度，μg/mL；

V——提取溶剂体积，mL；

m——样品质量，g。

检测结果取两个平行样的算术平均值，保留 3 位有效数字。可参考图 1-22-2。

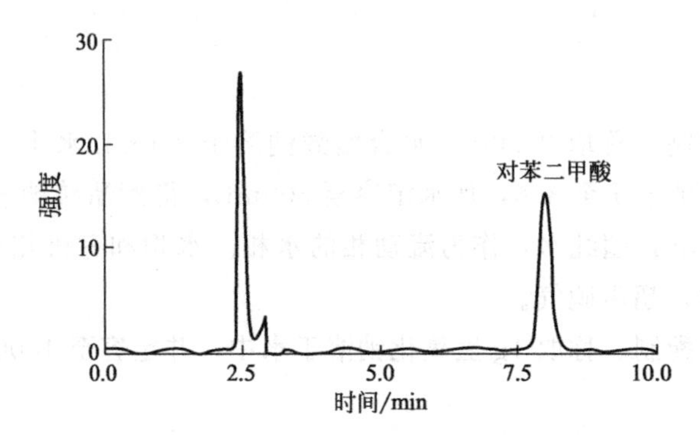

图 1-22-2 对苯二甲酸色谱图（仅供参考）

六、实验报告

1. 实验目的
2. 实验原理
3. 实验步骤
4. 实验数据处理

（1）标准曲线图（线性方程和相关系数）

（2）样品检测色谱图（标出对苯二甲酸保留时间）和检测结果（计算过程）

5. 实验结果讨论

七、注意事项

（1）PET 碎片越小，比表面积越大，提取效率越高。

（2）仪器分析开始前，观察色谱柱的方向是否按照标注的液体流动方向安装，气泡会导致色谱柱压力不稳，重现性差，所以在实验过程中应尽量避免产生气泡。

（3）两个平行样品检测值的绝对差值不得超过算术平均值的 10%。

（4）如果待测液浓度过大，超出标准曲线范围，可适当稀释样品。

八、参考文献

[1] 吴凯群，李颖，刘媛，等．从废聚酯饮料瓶中回收对苯二甲酸 [J]. 实验室科学，2020，23 (06)：122.

[2] 胡红刚，张芬．HPLC 法测定聚酯药用滴眼剂瓶中对苯二甲酸的含量 [J]. 化工管理，2021，18：148.

九、知识拓展

1941 年，英国的 J. R. Whenfield 和 J. T. Dikson 采用对苯二甲酸和乙二醇直接酯化缩聚制得聚对苯二甲酸乙二醇酯。1946 年，英国卜内门（ICI）公司的 Crothers 首先将 PET 工业化。随后，美国杜邦公司首次开发出 PET 纤维和薄膜产品。

PET 无臭、无味、无毒、质量轻、强度大、气密性好，而且其良好的透明性能够完美地展现包装内的产品，在食品和药品包装中得到了广泛的发展，尤其是碳酸饮料、矿泉水、食用油等产品包装。然而，PET 是非生物降解型塑料，大量的产品进入环境中会造成严重的污染。因此，采用水解法、醇解法、碱解法及酸解法等化学解聚法回收原料对苯二甲酸和乙二醇，形成资源的循环利用，既可有效治理污染，又可创造巨大的经济效益和社会效益。

实验二十三　基于 ELISA 试验检测氯霉素标准曲线的制作

一、实验设计

酶联免疫吸附（ELISA）是以免疫学反应为基础，将抗原、抗体的特异性反应与酶对底物的高效催化作用相结合起来的一种敏感性很高的实验技术。ELISA 分为夹心法、间接法、竞争法和捕获法等，夹心法通常用于检测大分子抗原，间接法通常用于检测抗体，竞争法多数用于检测小分子抗原及半抗原，捕获法用于检测 IgM 抗体。氯霉素（chloramphenicol）是一种广谱抗生素，具有较好的抑菌性，曾被广泛应用于人类和动物疾病的治疗，化学式为 $C_{11}H_{12}Cl_2N_2O_5$，长期食用氯霉素残留的食物，会使机体菌群产生耐药性，导致机体正常菌群失调。我国禁止氯霉素用于所有食品动物，在动物性食品中不得检出。因此，检测方法对氯霉素的检测限越低越好，基于抗原抗体特异性反应的免疫学检测方法因其特异性强和检测限低的特性，成为我国禁用药物检测的主要方法。本实验所采用的竞争 ELISA 检测方法是针对小分子药物检测的常用免疫学检测方法之一。应用竞争 ELISA 检测氯霉素，并制作标准曲线，掌握 ELISA 实验原理及实验操作。

二、实验目的

1. 掌握酶联免疫吸附实验（ELISA）实验原理。
2. 熟悉酶联免疫吸附实验的操作方法。
3. 了解其他免疫检测方法。

三、实验原理

本实验是通过竞争法检测氯霉素。测定中，先将抗原吸附在固相载体上，然后加入待测目标物和对应的氯霉素抗体，固相载体表面的抗原与待测目标物竞争反应，用洗涤的方式使固相载体上形成的抗原抗体复合物与液体中其他物质分开。再加入辣根过氧化物酶标记的兔抗鼠抗体，此时固相上的酶量与待测目标物的量呈一定的比例。加入酶反应底物后，底物被酶催化呈有色产物，根据呈色深浅进行定性或定量分析。图 1-23-1 所示为氯霉素 ELISA 检测原理。

四、仪器与试剂

仪器：分析天平，恒温培养箱，漩涡混合器，酶标仪，移液器，pH 计，96 孔酶标

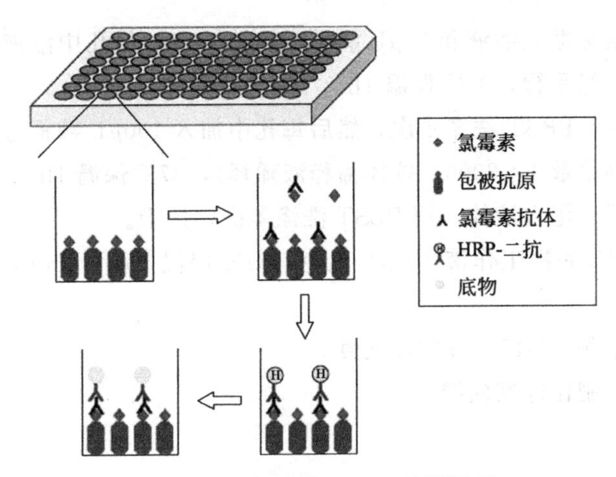

图 1-23-1　氯霉素 ELISA 检测原理

板，封膜，烧杯，量筒，玻璃棒，离心管。

试剂：BSA-氯霉素抗原，氯霉素抗体，氯霉素标准品，辣根过氧化物酶标记的兔抗鼠抗体。

抗原包被液（0.05mol/L、pH 9.6 的碳酸盐缓冲液，临用前新鲜配制）：1.59g Na_2CO_3 和 2.93g $NaHCO_3$，加纯水至 1000mL。

封闭液（临时配）：含有 10%脱脂奶粉的 PBST 液（pH 7.4）。

抗体稀释液（临时配）：含有 1% BSA 的 PBST，或者含有 5%～10%羊血清、兔血清等血清的 PBST 液。

洗涤液：PBST（含有 0.05%吐温-20 的 0.01mol/L PBS，pH 7.4）、0.2g KH_2PO_4、2.9g $Na_2HPO_4\cdot 12H_2O$、8.0g NaCl、0.2g KCl 和 0.5mL 吐温-20，加纯水至 1000mL。

终止液（2mol/L H_2SO_4）：蒸馏水 178.3mL，逐滴加入 21.7mL 浓硫酸（98%）。

底物缓冲液（pH 5.0 磷酸-柠檬酸缓冲液）：25.7mL 0.2mol/L 的 Na_2HPO_4（28.4g/L）和 24.3mL 0.1mol/L 的柠檬酸（19.2g/L），加纯水至 100mL。

TMB 底物工作液（新鲜配制）：0.5mL TMB（10mg/5mL 无水乙醇）、10mL 底物缓冲液（pH 5.0）和 10μL 30% H_2O_2。

五、实验步骤

（1）包被：取一块 96 孔酶标板，向每孔中加入 100μL 氯霉素抗原（稀释倍数 1∶10000）溶液（用抗原包被液稀释），37℃保温 2h。

（2）洗涤：温浴完毕后将板内液体倒出，向每孔中加 200μL 洗涤液，轻摇放置 3min 后倒掉，重复 3 次，拍干备用。

（3）封闭：每孔加 150μL 封闭液，37℃保温 2h，甩干液体，洗涤三次，拍干备用。

（4）配制一系列浓度分别为 0、0.1ng/mL、0.25ng/mL、0.5ng/mL、1ng/mL、5ng/mL、10ng/mL、15ng/mL、20ng/mL、25ng/mL 的氯霉素标准品溶液和氯霉素抗体溶液（稀释倍数 1∶10000，稀释液为抗体稀释液），向已包被的酶标板中加入 50μL 已稀释的一系列的氯霉素标准品溶液和 50μL 氯霉素抗体溶液，每孔中溶液共计 100μL，每个标准品浓度检测设三组平行，37℃保温 1h。

(5) 反应结束后，PBST 洗涤 4 次，然后每孔中加入 100μL 辣根过氧化物酶标记的兔抗鼠抗体溶液（稀释倍数 1∶2000，抗体稀释液稀释），37℃保温 1h。

(6) 反应结束后，甩去液体，用 PBST 洗涤 4 次，拍干。

(7) 每孔加 TMB 底物工作液 100μL 显色，37℃保温 15～30min，每孔加 50μL 终止液终止酶反应。

(8) 在酶标仪上测 OD450nm 的吸光度。

(9) 整理数据，制作标准曲线。

六、实验报告

1. 实验目的
2. 实验原理
3. 实验仪器及材料
4. 实验试剂及配制
5. 实验步骤
6. 实验结果及数据分析

将实验结果及数据分析填入表 1-23-1 中。

表 1-23-1　实验结果及数据分析

序号	0	0.1ng/mL	0.25ng/mL	0.5ng/mL	1ng/mL	5ng/mL	10ng/mL	15ng/mL	20ng/mL	25ng/mL
1										
2										
3										
平均值										

7. 讨论与总结

七、注意事项

(1) 封闭液、抗体稀释液、TMB 底物工作液需现配现用；配制终止液时，先加水，后加浓硫酸。

(2) 加样时注意应将所加物加在板孔底部，避免加在孔壁上，不可溅出、不可产生气泡；每次加样必须更换吸头，做到 1 个样品 1 个吸头，以免发生交叉污染。

(3) 酶标板在孵育之前应贴上封膜，减少孵育过程中液体挥发；孵育时酶标板不宜叠放，以保证各板温度平衡一致。

(4) 洗板时需保证微孔板平放，将洗涤液注入孔中时尽量避免漏液、溢液现象；每次洗完后要更换吸水纸轻轻拍干。

(5) 加入底物后应立即避光显色；终止液是硫酸溶液，具有腐蚀性，试验时要小心，避免损伤皮肤和衣物；加终止液时，避免吸头和孔内液体接触。

八、参考文献

[1] 李华林，邢莉，张娟．酶联免疫吸附试验的原理、操作方法及注意事项 [J]. 现代畜牧科技，2011 (6)：182-183.

[2] 魏东，黄智鸿，赵月平，等．浅析 ELISA 的基本原理与注意事项 [J]. 安徽农业科学，2009，37 (6)：2357-2358.

[3] 郭秀丽，赵丽花，庞永宏，等．氯霉素间接竞争 ELISA 检测方法的建立 [J]. 河南科技学院学报：自然科学版，2020，3：22.

[4] 缪宇腾，郁宏燕，陆利霞，等．动物源性食品中氯霉素残留检测方法进展 [J]. 生物加工过程，2020，18 (5)：658.

九、知识拓展

其他常见免疫检测方法

化学发光免疫分析 (chemiluminescence immuno assay, CLIA) 是将具有高度灵敏的化学发光测定技术与特异性的免疫反应相结合。当有机分子吸收化学能后发生能级跃迁，产生一种高能级的电子激发态不稳定的中间体，当其返回到基态而发出光子，这就是化学发光，化学发光免疫技术通常包括 2 个部分，即免疫反应系统和发光化学系统。该方法适用于各种抗原、抗体和药物等分析检测。

胶体金免疫层析技术 (gold immuno chromatographic assay, GICA) 是将特异性的抗原或抗体以条带状固定在膜上，胶体金标记试剂 (抗体或单克隆抗体) 吸附在结合垫上，当待检样本加到试纸条一端的样本垫上后，通过毛细作用向前移动，溶解结合垫上的胶体金标记试剂后相互反应，再移动至固定的抗原或抗体的区域时，待检物与金标试剂的结合物又与之发生特异性结合而被截留，聚集在检测带上，可通过肉眼观察到显色结果。该法现已发展成为诊断试纸条，使用十分方便。图 1-23-2 所示为胶体金免疫层析试纸条检测原理示意图。

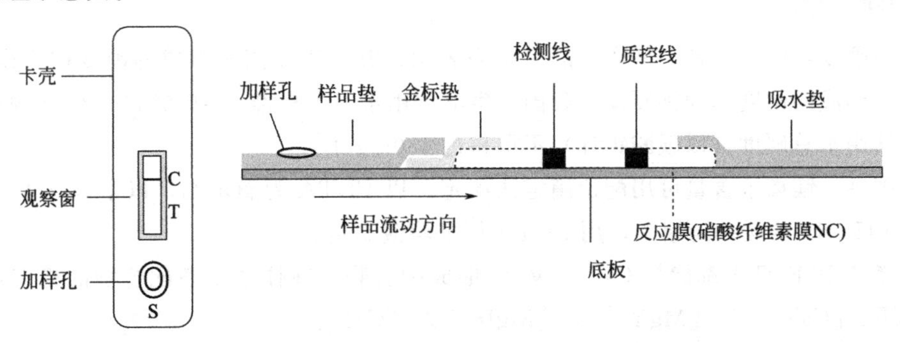

图 1-23-2 胶体金免疫层析试纸条检测原理示意图

第二部分　中学化学基础综合实验

实验一　海水与河水、井水的成分的鉴别

一、实验设计

海水与河水、井水的成分不完全相同，根据地域不同，有些水体的成分可能差异巨大。在生产生活中，海水与河水、井水不能互相替代。为了鉴别这三种物质，可以通过测定水体的硬度和化学需氧量来进行区分。

水硬度是水质分析的一项重要指标。硬度大的水不宜用于工业使用，因为它会使锅炉及换热器中结垢，影响热效率，严重时甚至会产生安全隐患。在养殖业中，水硬度也会影响水体中有机物转化、降低有毒物质的毒性、影响藻类和虾类等的生长发育。在生活方面，长期饮用硬度过高的水会影响人体的肠胃消化功能。

化学需氧量（chemical oxygen demand，COD）是指用氧化剂处理水样品时，水样中需氧污染物所消耗的氧化剂的量，通常以相应的氧量（mg/L）来表示。COD是衡量水体受污染严重程度的一个重要指标，在水体质量监测以及水域生态环境保护方面起着十分重要的作用。COD越高，则说明水体受污染的情况越严重。

二、实验目的

1. 掌握用EDTA测定水硬度的基本原理、方法和计算。
2. 掌握用酸性高锰酸钾法测定水中COD的分析方法。

三、实验原理

1. 水的硬度测定

水的硬度可由水中钙、镁离子的总量来表示，其中由镁离子形成的硬度称为镁硬度，由钙离子形成的硬度称为钙硬度。我国《生活饮用水卫生标准》GB 5749—2022规定，城乡生活饮用水总硬度（以碳酸钙计）不得超过450mg/L。

水中钙、镁离子含量可用配位滴定法测定。以EDTA为滴定剂，以铬黑T作为指示剂，在pH=10的缓冲溶液中，用EDTA标准溶液滴定。

铬黑T和EDTA都能与Ca^{2+}、Mg^{2+}形成配合物，在体系中各配合物的稳定性大小顺序如下：$[CaY]^{2-} > [MgY]^{2-} > [MgIn]^{-} > [CaIn]^{-}$。

加入铬黑T后，铬黑T先与部分Mg^{2+}配位，使溶液呈酒红色。当EDTA滴入时，

EDTA先与Ca^{2+}和游离的Mg^{2+}配位形成无色配合物，达到化学计量点时再将［MgIn］$^-$中的Mg^{2+}置换出来，使指示剂重新变为游离状态，因此终点时溶液由酒红色变成纯蓝色。反应的化学方程式如下：

滴定前：$Mg^{2+} + HIn^{2-} \longrightarrow [MgIn]^- + H^+$
（HIn^{2-}：纯蓝色；$[MgIn]^-$：酒红色）

化学计量点前：$Ca^{2+} + H_2Y^{2-} \longrightarrow [CaY]^{2-} + 2H^+$

$Mg^{2+} + H_2Y^{2-} \longrightarrow [MgY]^{2-} + 2H^+$

化学计量点时：$[MgIn]^- + H_2Y^{2-} \longrightarrow [MgY]^{2-} + HIn^{2-} + H^+$
（$[MgIn]^-$：酒红色；HIn^{2-}：纯蓝色）

根据EDTA的浓度和用量，即可计算出水的总硬度。

2. 水中COD的测定

本实验采用高锰酸钾法测定水体的COD。高锰酸钾法又分为酸性高锰酸钾法和碱性高锰酸钾法。本实验选用高锰酸钾法，其原理如下：用已知量并且是过量的高锰酸钾，氧化海水（河水、井水）中的需氧物质。然后在硫酸酸性条件下，用碘化钾还原过量的高锰酸钾和二氧化锰，所生成的游离碘用硫代硫酸钠标准溶液滴定。

具体反应的化学方程式如下：

$$10KI + 2KMnO_4 + 8H_2SO_4 = 6K_2SO_4 + 2MnSO_4 + 5I_2 + 8H_2O$$

$$MnO_2 + 2H_2SO_4 + 2KI = MnSO_4 + 2H_2O + I_2 + K_2SO_4$$

$$2Na_2S_2O_3 + I_2 = 2NaI + Na_2S_4O_6$$

四、仪器与试剂

仪器：酸式、碱式滴定管（各1个），锥形瓶（250mL 6个），洗瓶，容量瓶（100mL 2个），移液管，洗耳球，烧杯（250mL 3个），试剂瓶，分析天平，称量瓶，电炉。

试剂：0.020mol/L EDTA标准溶液，NH_3-NH_4Cl缓冲溶液（pH≈10），铬黑T指示剂，0.002mol/L $KMnO_4$溶液，5g/L淀粉溶液，0.010mol/L $Na_2S_2O_3$标准溶液，0.010mol/L碘酸钾标准溶液，6mol/L NaOH溶液，6mol/L H_2SO_4溶液，碘化钾固体，海水样品，河水样品，井水样品。

五、实验步骤

1. 水的硬度测定

（1）量取某一份水样（海水样品）50mL于250mL锥形瓶中，向其中加入5mL的NH_3-NH_4Cl缓冲溶液和2～3滴铬黑T指示剂，此时溶液呈红色。

（2）用EDTA标准溶液滴定时，溶液的颜色由红变为纯蓝，即为终点。

（3）重复滴定3次，对所消耗的EDTA体积取平均值。

（4）水的总硬度可由EDTA标准溶液的浓度c_{EDTA}和消耗体积V（mL）来计算。以

$CaCO_3$ 计，单位为 mg/L。

$$w_{CaCO_3}=\frac{cVM_{CaCO_3}}{50}\times 100\% \tag{2-1-1}$$

式中，c 为 EDTA 的浓度，mol/L；V 为多次滴定时所消耗的 EDTA 的平均值，mL。

（5）更换水样（分别取河水样品、井水样品），重复以上操作，并将结果进行对比。

2. 水中耗氧量的测定

（1）硫代硫酸钠标准溶液的标定：移取 10.00mL 碘酸钾标准溶液（0.010mol/L）至锥形瓶中，加入 0.5g 碘化钾和 1.0mL 硫酸溶液（6mol/L）轻荡混匀，在暗处放置 2min。加入 50mL 水，用硫代硫酸钠溶液滴定至溶液呈淡黄色，加入 1mL 淀粉溶液，继续滴定至溶液蓝色刚褪去为止。按式（2-1-2）计算其浓度：

$$c=\frac{10.00\times 0.010}{V_s} \tag{2-1-2}$$

式中，c 为硫代硫酸钠标准溶液的浓度，mol/L；V_s 为硫代硫酸钠标准溶液的体积，mL。

重复标定 3 次，计算结果取平均值即为硫代硫酸钠标准溶液的准确浓度。

（2）取 50mL 水样于 250mL 锥形瓶中，用蒸馏水稀释至 100mL。加入 1mL NaOH 溶液，摇匀后用移液管准确加入 10.00mL 的 0.002mol/L $KMnO_4$ 溶液。加入 2～3 粒沸石后，于电炉上加热至沸，煮沸 10min（从冒出第一个气泡时开始计时），迅速取下锥形瓶，冷却至室温。

（3）向锥形瓶中滴加 6mol/L 硫酸溶液 5mL，再加入 0.5g 碘化钾，混匀，在暗处放置 5min。用硫代硫酸钠标准溶液滴定溶液，滴定时需要不断振摇，至溶液呈淡黄色，加入 1mL 淀粉溶液，继续滴至蓝色刚褪去为止，记下滴定数。平行测定三次后，取结果的平均值为 V_1。

（4）另取 50mL 蒸馏水代替水样，按以上步骤测定分析空白滴定值，平行测定三次后，取结果的平均值为 V_2。

化学需氧量可由式（2-1-3）计算得出

$$\mathrm{COD}=\frac{c(V_2-V_1)\times 8.0}{V} \tag{2-1-3}$$

式中，COD 表示水样的化学需氧量，mg/L；c 表示硫代硫酸钠的浓度，mol/L；V_2 表示分析空白值滴定消耗硫代硫酸钠溶液的体积，mL；V_1 表示滴定样品时消耗硫代硫酸钠溶液的体积，mL；V 表示取水样的体积，mL。

（5）更换水样（分别取河水样品、井水样品），重复以上操作，并将结果进行对比。

3. 数据处理

（1）记录三种水样所消耗的 EDTA 溶液量，计算其硬度并进行对比。

（2）记录三种水样所消耗的硫代硫酸钠标准溶液滴量，计算其 COD 并进行对比。

六、实验报告

1. 实验目的

2. 实验原理
3. 实验试剂与仪器
4. 实验步骤与现象
5. 实验结果讨论
6. 参考文献

七、注意事项

(1) 水硬度测定中，加入铬黑 T 指示剂后，要立即用 EDTA 标准溶液进行滴定。

(2) 水硬度测定中，开始滴定时，滴定速度稍快，每秒 3～4 滴，而不要滴成“水线”；接近终点时，放缓滴定速度，每加入 1 滴 EDTA 便摇动锥形瓶，再加再摇，然后每加入半滴便摇动锥形瓶，直至溶液出现明显的颜色变化。

(3) COD 测定中，水样加热后，必须冷却至室温，再加入硫酸和碘化钾，否则游离碘挥发而造成误差。

(4) COD 的实验结果是一个相对值，所以测定时应严格控制条件，如试剂的用量、加入试剂的次序、加热时间及加热温度的高低，加热前溶液的总体积等都必须保持一致。

八、参考文献

[1] 金文英，聂瑾芳，杜甫佑，等．对华中师大等编《分析化学实验》第四版中水硬度的测定实验内容的商榷 [J]. 课程教育研究，2017 (35)：179.

[2] 文庆珍，李金玉，肖玲．EDTA 滴定法测试水的硬度的实验教学研究 [C]. 中国教育学会．第九届全国化学课程与教学论学术年会论文集，2012：318.

[3] 陈盛余，唐成勇，赵丹丹．水硬度测定实验项目化教学实施浅谈 [J]. 中国教育技术装备，2017 (4)：129.

[4] 全国海洋标准化技术委员会．海洋监测规范　第 4 部分：海水分析．GB 17378.4—2007 [S]. 北京：中国标准出版社，2007.

[5] 焦德权．EDTA 配位滴定法中两种指示剂的改进 [J]. 天津化工，2007，21 (4)：51.

[6] 许静正．采用高锰酸钾法测定 COD 的探讨 [J]. 治淮，2009 (12)：65.

[7] 周彪，谭志琼．海水中 COD 测定方法研究 [J]. 内蒙古环境科学，2008，20 (5)：89.

九、知识拓展

1. 根据《生活饮用水卫生标准》(GB 5749—2022)，小型集中式供水和分散式供水总硬度应不超过 550mg/L，耗氧量应不超过 5mg/L。

2. 水体COD的测定，根据所用氧化剂的不同，可分为高锰酸钾法和重铬酸钾法。清洁的地面水、饮用水和水源水，一般采用高锰酸钾法测定，在一定程度上可以说明水体受到有机污染的状况。该方法操作简便、经济、省时。

但是对于工业废水、污水的COD测定，高锰酸钾法效果往往不够理想，因为该类水体的成分较为复杂，高锰酸钾难以将其完全氧化。此时，可以选用重铬酸钾法。

实验二　香肠中亚硝酸盐含量的测定

一、实验设计

在食品的生产、加工和运输过程中，往往需要添加护色剂和防腐剂以保证食品的色泽和延缓食品的腐败，亚硝酸盐是含有亚硝酸根阴离子（NO_2^-）的盐，是常见的食品添加剂，广泛存在于香肠、熏肉等肉制食品中，亚硝酸盐有很好的发色、抑菌作用，使肉制品呈现良好的色泽。但是，大剂量的亚硝酸盐能够引起高铁血红蛋白症，导致组织缺氧，有致癌风险。人体摄入 0.2～0.5g 即可引起中毒，3g 可致死。GB 2760—2014 规定：熏、烧、烤肉类，油炸肉类，肉灌肠类残留量≤30mg/kg；西式火腿类残留量≤70mg/kg；肉罐头类残留量≤50mg/kg。将亚硝酸根与对氨基苯磺酰胺于弱酸性环境下反应后，再与 1-萘乙二胺二盐酸盐生成紫红色染料，采用可见分光光度法即可测定香肠中的亚硝酸根含量。该法测定结果操作快、精密度良好、稳定性强。

二、实验目的

1. 了解亚硝酸盐的定量检测的原理和方法。
2. 掌握用可见分光光度法测量香肠中亚硝酸盐的含量。

三、实验原理

利用碱性的硼砂溶液将脂肪从样品中分离，利用醋酸锌及亚铁氰化钾使蛋白质变性分离。试样经沉淀蛋白质、除去脂肪后，在弱酸条件下亚硝酸盐与对氨基苯磺酸氮化后，再与萘乙二胺二盐酸盐偶合形成紫红色染料，如图 2-2-1 所示，利用可见分光光度法来测定，最大吸收波长为 540nm。

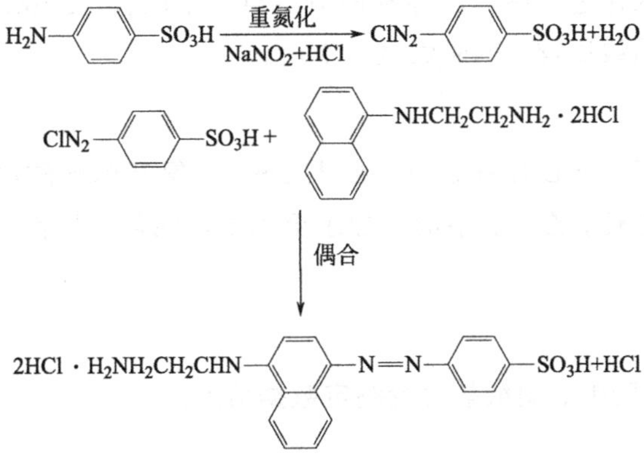

$$H_2N-C_6H_4-SO_3H \xrightarrow[NaNO_2+HCl]{\text{重氮化}} ClN_2-C_6H_4-SO_3H+H_2O$$

$$ClN_2-C_6H_4-SO_3H + C_{10}H_7-NHCH_2CH_2NH_2 \cdot 2HCl \xrightarrow{\text{偶合}} 2HCl \cdot H_2NH_2CH_2CHN-C_{10}H_6-N{=}N-C_6H_4-SO_3H+HCl$$

图 2-2-1　亚硝酸盐与盐酸萘乙二胺偶合反应过程

根据朗伯-比尔定律 $A=\lg\frac{1}{T}=\kappa bc$，并结合工作曲线，可以得到香肠中亚硝酸盐的含量。

四、仪器与试剂

仪器：分析天平，研钵，分光光度计，电热炉，各规格烧杯及移液管，容量瓶（500mL 1个，50mL 13个，100mL 3个），恒温水浴装置，胶头滴管，玻璃棒，温度计，滤纸，洗耳球，洗瓶，布氏漏斗，抽滤装置，比色皿。

试剂：双汇王中王香肠一根，10μg/mL 亚硝酸钠标准溶液，1.0%对氨基苯磺酸溶液，0.3%盐酸萘乙二胺溶液，220g/L 醋酸锌溶液，106g/L 亚铁氰化钾溶液，50g/L 饱和硼砂溶液，去离子水。

五、实验步骤

1. 样品前处理

取双汇王中王香肠半根，用研钵研磨细腻，制成匀浆。称取 5.0g（精确至 0.1g）制成匀浆的试样置于 50mL 烧杯中，加入 12.5mL 饱和硼砂溶液，搅拌均匀，以 70℃左右的水约 300mL 将试样洗入 500mL 容量瓶中，80℃加热 15min，取出置冷水浴中冷却，并放置至室温。边振荡上述提取液边加入 5mL 亚铁氰化钾溶液，摇匀。再加入 5mL 醋酸锌溶液，以沉淀蛋白质。加水至刻度，摇匀，放置 30min，除去上层脂肪，上层清液用滤纸过滤（用移液管吸取中间澄清的部分）。弃去初滤液 30mL，滤液备用。

2. 标准溶液的配制与标定

分别依次吸取 0、0.20L、0.40mL、0.60mL、0.80mL、1.00mL、1.50mL、2.00mL、2.50mL 亚硝酸钠标准使用液，分别置于 50mL 容量瓶中，向其中分别加入 2mL 对氨基苯磺酸溶液，混匀，静置 3～5min 后各加入 1mL 盐酸萘乙二胺溶液，加水至刻度，混匀，静置 15min。

将标准液分别加入比色皿中，以零管调节零点，于波长 540nm 处测定各浓度标准液的吸光度，绘制标准曲线比较。同时做试剂空白。

3. 样品的配制与测定

吸取 40mL 滤液于 50mL 容量瓶中，加入 2mL 对氨基苯磺酸溶液，混匀，静置 3～5min 后各加入 1mL 盐酸萘乙二胺溶液，加水至刻度，混匀，静置 15min。相同条件下测定样品的吸光度。

4. 实验数据

表 2-2-1 所示为香肠中亚硝酸盐含量测定数据结果。

表 2-2-1　香肠中亚硝酸盐含量测定数据结果

编号	1	2	3	4	5	6	7	8	样品
吸取亚硝酸钠体积/mL	0.00	0.20	0.40	0.60	0.80	1.00	1.50	2.00	40.00
亚硝酸钠浓度/(μg/50mL)	0.00	2.00	4.00	6.00	8.00	10.00	15.00	20.00	4.82075
吸光度(A)	0.001	0.021	0.041	0.063	0.083	0.108	0.160	0.211	0.051
称取香肠质量/g									

5. 计算过程

亚硝酸盐（以亚硝酸钠计）的含量按下式进行计算

$$X = \frac{A_1 \times 1000}{m \times \dfrac{V_1}{V_0} \times 1000} \times \frac{m_0}{0.1} \qquad (2\text{-}2\text{-}1)$$

式中，X 为试样中亚硝酸钠的含量，mg/kg；A_1 为测定用样液中亚硝酸钠的质量，μg/50mL；m_0 为试样质量，g；V_1 为测定用样液体积，mL；V_0 为试样处理液总体积，mL；m 为配制亚硝酸钠标准溶液时实际称取的亚硝酸钠的质量，mg。

六、实验报告

1. 实验目的
2. 实验原理
3. 实验试剂与仪器
4. 实验步骤与现象
5. 实验结果讨论
6. 参考文献

七、注意事项

（1）制作标准曲线时，不要任意改变加入试剂的顺序。因为在弱酸条件下亚硝酸盐先与对氨基苯磺酸重氮化，再与盐酸萘乙二胺偶合形成紫红色染料，才能用紫外分光光度法进行测定。

（2）亚硝酸盐测试过程中过滤时滤纸会吸附一定量的硝酸盐，要等滤纸吸附饱和后的滤液才能进行试验，所以初滤液要弃去。

（3）使用比色皿时，手指不能接触其透光面。测定溶液的吸光度时，应先用该溶液润洗比色皿内壁 2～3 次。且最好按照从稀到浓的顺序测定。

（4）萘基乙二胺有致癌作用，使用时应注意安全。

八、参考文献

[1]　国家卫生和计划生育委员会．食品安全国家标准　食品添加剂使用标准．GB 2760—

2014 [S]. 北京：中国标准出版社，2014.

[2] 国家卫生和计划生育委员会. 食品安全国家标准　食品中亚硝酸盐与硝酸盐的测定. GB 5009.33—2016 [S]. 北京：中国标准出版社，2016.

[3] 李文红，穆永娟，李伟. 2011—2013年新乡市熟肉制品中亚硝酸盐含量监测分析 [J]. 河南预防医学杂志，2014，25 (5)：433.

[4] 牛桂芬，付苗苗. 分光光度法测定香肠中亚硝酸盐含量分析 [J]. 食品研究与开发，2015，36 (7)：100.

[5] 任韧，金铨，龚立科，等. 分光光度法测定不同食品基质中亚硝酸盐含量 [J]. 中国食品卫生杂志，2016，28 (04)：480.

九、知识拓展

亚硝酸盐的检测方法非常多，除可见分光光度法外，可通过过量的对氨基苯磺酸与亚硝酸盐发生重氮化后，利用剩余的对氨基苯磺酸与荧光胺反应，生成稳定的荧光团和无荧光的水解产物，采用荧光法测定；也可采用化学分析法使用高锰酸钾溶液和草酸钠溶液作为标准物质，分别氧化样品中亚硝酸根离子，利用标准物质消耗的量推出样品中亚硝酸根离子含量，或者在含有亚硝酸根离子含量的溶液中加入碘化银试剂生成单质碘，再利用硫代硫酸钠与生成的碘反应，最后用消耗硫代硫酸钠的量推出试样中亚硝酸根离子含量的浓度；利用示波极谱法，将亚硝酸盐与对氨基苯磺酸重氮化后，在弱碱性条件下与8-羟基喹啉偶合成橙色染料，该染料在汞电极上会产生还原电流，电流与亚硝酸盐的浓度呈线性关系进行测定；此外还有离子色谱法、气相色谱法等。

实验三　驾驶员呼出气体中是否含有酒精的检测

一、实验设计

由江苏教育出版社2007年出版的高中化学教材《化学·必修2》专题3“有机化合物的获得与应用”的拓展视野栏目中，介绍了一个资料：检验司机是否酒后驾车？交通警察用经硫酸酸化处理的三氧化铬硅胶检查司机呼出的气体，根据硅胶颜色的变化，可以判断司机是否酒后驾车。教材中用一段文字信息“经硫酸酸化处理的三氧化铬硅胶中的+6价铬能被酒精蒸气还原为+3价铬，颜色发生变化”解释了原因，但未给出演示实验或模拟实验。尽管学生对这种联系生活的实验比较感兴趣，但其认识仅停留在少量的文字介绍的层面上。如果能设计操作简便、时间短、成功率高的演示实验，较好地把化学知识与社会应用相结合，可以激发学生的学习兴趣。本实验的设计方法是将酒精蒸气吹入重铬酸钾（含+6价铬）溶液中使其发生反应，来模拟驾驶员呼出气体的检测方法，从而让学生学会用化学的眼光、思维和方法去解决生活、社会中碰到的问题，为日后参与社会决策打下一定的基础，从而获益终身。

二、实验目的

1. 了解测定驾驶员呼出气体中是否含有酒精的原理。
2. 学会驾驶员呼出气体中酒精的测定方法及学习该实验的设计思路。
3. 体会运用化学知识解决实际问题的思维和方法。

三、实验原理

乙醇，俗名酒精。沸点低，易挥发，若驾驶员饮酒，其呼出气体中含有酒精蒸气（即乙醇蒸气）。乙醇具有还原性，当它与强氧化剂作用时，会发生氧化还原反应，被氧化生成乙醛。如果将强氧化剂制成检测剂，可以通过观察检测剂颜色的变化来判断驾驶员是否饮酒，是否是酒驾。乙醇与酸性重铬酸钾溶液反应，橙色的重铬酸钾被还原成绿色的硫酸铬。发生化学反应的化学方程式为：

$3CH_3CH_2OH + 2K_2Cr_2O_7$（橙色）$+ 8H_2SO_4 = 2Cr_2(SO_4)_3$（绿色）$+ 2K_2SO_4 + 3CH_3COOH + 11H_2O$

四、仪器与试剂

仪器：具支试管，试管，气唧，橡胶管，烧杯，铁架台，铁夹，导管，有孔橡胶塞。

试剂：60%硫酸溶液，5%重铬酸钾溶液，无水乙醇。

五、实验步骤

（1）配制 6mL 强酸性的重铬酸钾溶液：将 2mL 60%的硫酸溶液和 4mL 5%的重铬酸钾溶液混合。

（2）在具支试管中加入 15mL 无水乙醇，置于装有热水（温度控制在 80～85℃）的烧杯中。

（3）将装置如图 2-3-1 连接好后，用气唧匀速鼓入乙醇蒸气，观察右侧小试管中的现象。连续鼓气一段时间后，可以看到右侧装有酸性重铬酸钾溶液的试管逐渐由橙色变为绿色。

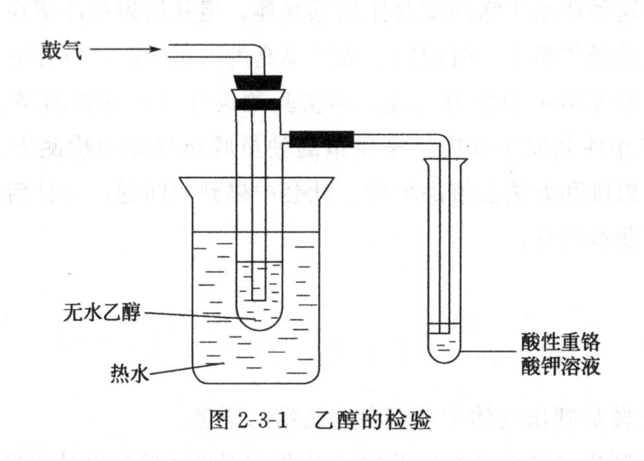

图 2-3-1　乙醇的检验

六、实验报告

1. 实验目的
2. 实验原理
3. 实验试剂与仪器
4. 实验步骤与现象
5. 实验结果讨论
6. 参考文献

七、注意事项

（1）此实验成功的关键是酸性重铬酸钾溶液的配制，酸性重铬酸钾溶液的浓度要大，实验演示效果好。

（2）鼓入乙醇蒸气要匀速。

八、参考文献

[1] 谭文生，谭勇．简易呼气式酒精测试模拟装置 [J]．化学教学，2013（11）：56.
[2] 李晓萍．自制检测呼吸气中是否含酒精的简易装置 [J]．中小学实验与装备，2008（4）：27.
[3] 纪严芹，郭强．模拟酒精测试仪的实验设计 [J]．实验教学与仪器，2010（12）：34.

九、知识拓展

酒驾检测的标准：根据国家质量监督检验检疫局发布的《车辆驾驶人员血液、呼气酒精含量阈值与检验》（GB 19522—2010）中规定，驾驶人员每100mL血液酒精含量大于或等于20mg，并每100mL血液酒精含量小于80mg为饮酒后驾车；每100mL血液酒精含量大于或等于80mg为醉酒驾车。

20mg/100mL大致相当于一杯啤酒；80mg/100mL则相当于3两低度白酒或者2瓶啤酒；100mg/100mL大致相当于半斤低度白酒或者3瓶啤酒。落实到具体的白酒酒精度数，如果人体中每百毫升血液中含100mg酒精，不同的酒类的量化分别是：70度白酒约50g；60度白酒约75g；50度白酒约100g；40度白酒约150g，也就是一口杯的量；日本清酒约500g；红酒约600g；啤酒约3瓶或者6罐。

实验四　食醋中总酸的测定及国标检验

一、实验设计

醋是由大米或高粱为原料发酵后产生的酸味调味剂，酸而醇厚，香而柔和，是烹饪中一种必不可少的调味品。其主要成分为醋酸（CH_3COOH，$K_a=1.8\times10^{-5}$）、高级醇类等。食醋产地品种的不同，所含醋酸的量也不同，一般大概在5%～8%之间，食醋的酸味强度的高低主要是由其中所含醋酸量的大小所决定。食醋中总酸度的测定成为评价食醋质量的重要指标，因此食醋中总酸的测定在我们生活中很重要。

二、实验目的

1. 掌握食用醋总酸度的测定原理及方法。
2. 了解强碱滴定弱酸过程中pH值变化、滴定突跃及指示剂的选择。
3. 熟练操作pH计。

三、实验原理

1. 酸碱滴定指示剂法

食醋是混合酸，当以NaOH标准溶液滴定时，$cK_a>10^{-8}$的弱酸均可以被滴定，因此测出的是总酸量，但分析结果通常用含量最多的HAc表示。HAc与NaOH反应为：

$$NaOH+CH_3COOH = CH_3COONa+H_2O$$

由于这是强碱滴定弱酸，计量点时生成弱酸强碱盐NaAc，化学计量点时pH≈8.7，滴定突跃在碱性范围内（如0.1mol/L NaOH滴定0.1mol/L HAc突跃范围为pH 7.74～9.70），故可选用酚酞（变色时pH 8.0～9.6）为指示剂，但必须注意CO_2对反应的影响。食醋是液体样品，测定结果一般以每升或每毫升样品中所含HAc的质量来表示，即以醋酸的密度表示，单位g/L或mg/mL。

2. pH计电位滴定法

GB 12456—2021中规定食醋总酸度测定方法有酸碱滴定指示剂法、pH计电位滴定法和自动电位滴定法。在上述酸碱滴定指示剂法的测定基础上，可以采用pH计电位滴定法进行检验。

根据酸碱中和原理，用NaOH标准溶液滴定试液中的酸，中和试样溶液至pH为8.2，确定为滴定终点，按碱液消耗量计算食品中的总酸含量。

四、仪器与试剂

仪器：移液管（25mL和10mL各1个），锥形瓶（250mL 3个），容量瓶（250mL 1个），电子天平，碱式滴定管，试剂瓶，胶头滴管，烧杯，量筒，台秤，pH计，磁力搅拌器。

试剂：0.1mol/L NaOH溶液，磷酸氢二钾-磷酸二氢钾标准缓冲溶液（pH 8.0，5.59g K_2HPO_4 和0.41g KH_2PO_4 定容至1000mL），邻苯二甲酸氢钾，0.2%酚酞指示剂，食用醋，蒸馏水。

五、实验步骤

1. 0.1mol/L NaOH溶液的配制

用烧杯在台秤上称取固体NaOH 4.3g左右，加入煮沸除去 CO_2 的蒸馏水少许，快速冲洗NaOH固体表面两遍。再加水溶解完全，转移到带有橡胶塞的试剂瓶中，加水稀释到1L，充分摇匀。

2. 0.1mol/L NaOH标准溶液的标定

准确称取干燥至恒重的基准物邻苯二甲酸氢钾0.5～0.6g，于锥形瓶中加入25mL水，1～2滴酚酞指示剂，用0.1mol/L NaOH标准溶液滴定至淡粉红色30s不褪色即为滴定终点，记录所消耗的NaOH溶液体积，平行测定三次。

3. 食用醋总酸度的测定

用移液管准确移取食用醋25.00mL于250mL容量瓶中，加水稀释到容量瓶刻度线，摇匀。用移液管移取上述稀释好的食用醋试液25.00mL置于250mL锥形瓶中，加入2滴酚酞指示剂，用标定好NaOH标准溶液进行滴定，至出现微红色，30s内不褪色即为终点。根据NaOH标准溶液的浓度和滴定时消耗的体积可计算食用醋中总酸量，用 ρ_{HAc}（g/L）表示。平行测定三份。

4. pH计电位滴定法测定食醋总酸度

（1）酸度计预热后，根据pH计校正规程进行校正。将上述稀释的食用醋倒入烧杯中，并置于磁力搅拌器上，浸入酸度计电极。按下pH读数开关，开动搅拌器，迅速用0.1mol/L NaOH标准溶液滴定，随时观察溶液pH变化。接近滴定终点时，放慢滴定速度。一次滴加半滴（最多一滴），直至溶液的pH达到8.2，记录消耗NaOH标准溶液的体积数值（V_1mL）。

（2）空白试验。按步骤（1）的操作，用无二氧化碳的水代替试液做空白试验，记录消耗NaOH标准溶液体积数值（V_0mL）。

六、实验报告

1. 实验目的

2. 实验原理

3. 实验试剂及仪器

4. 实验步骤与现象

5. 实验结果讨论

（1）标定NaOH标准溶液浓度相关数据。见表2-4-1。

表2-4-1　NaOH浓度标定

项目		1	2	3
邻苯二甲酸氢钾/g				
NaOH溶液体积/mL	终点读数			
	初始读数			
	消耗体积			
c_{NaOH}/(mol/L)				
$\overline{c}_{NaOH}$/(mol/L)				
相对平均偏差/%				

（2）指示剂滴定法测定食用醋含量。见表2-4-2。

表2-4-2　食醋测定（指示剂滴定法）

项目		1	2	3
NaOH溶液体积/mL	终点读数			
	初始读数			
	消耗体积			
ρ_{HAc}/(g/L)				
$\overline{\rho}_{HAc}$/(g/L)				
相对平均偏差/%				

计算公式为：$$\rho_{HAc}=\frac{c_{NaOH}V_{NaOH}M_{HAc}}{25.00\times\frac{25.00}{250.00}} \tag{2-4-1}$$

（3）pH计滴定法测定食用醋含量。见表2-4-3。

表2-4-3　食醋测定（pH计滴定法）

项目		1	2	3
NaOH溶液体积V_1/mL	终点读数			
	初始读数			
	消耗体积			
ρ_{HAc}/(g/L)				
$\overline{\rho}_{HAc}$/(g/L)				
相对平均偏差/%				

计算公式为：$\rho_{HAc}=\frac{c_{NaOH}(V_2-V_0)M_{HAc}}{25.00\times\frac{25.00}{250.00}}$ (2-4-2)

(4) 比较指示剂滴定法和 pH 计滴定法测得的食醋含量并进行分析。

6. 参考文献

七、注意事项

(1) 食用醋中醋酸的浓度较大，故必须稀释后再进行滴定分析。

(2) 蒸馏水必须是新制备或者经煮沸除去 CO_2 冷却后使用。

(3) 碱式滴定管使用时要赶走胶皮管中气泡，滴定过程也不要形成气泡，以免产生大的误差。

(4) 指示剂用量不要太多，终点颜色只要微红色即可，但要待 30s 不褪色。

(5) pH 计使用时每更换一次溶液需洗净并擦干玻璃电极。

八、参考文献

[1] 中华人民共和国卫生部，国家标准化管理委员会．食醋卫生标准的分析方法：GB/T 5009.41-2003 [S]．北京：中国标准出版社，2003.

九、知识拓展

(1) 食用醋往往有颜色，会干扰滴定，应先经稀释或加入活性炭脱色后，再进行测定。

(2) 国家标准中规定，固态发酵食醋、液态发酵食醋总酸含量不小于 3.5g/100mL。

实验五　树叶等植物体中的几种元素的鉴定

一、实验设计

动、植物体内（如鸡蛋壳、树叶、动物骨头）含有许多化学元素，如 C、H、O、N、P、Ca、Mg、Fe、Al 等。在植物体中含量超过 0.01%的元素，称为常量元素；含量在 0.01%以下的元素，称为微量元素。本实验是一个经典且有趣的实验，运用的是基础的化学知识，可以让学生掌握植物体内钙、铁、磷的简单鉴定方法，能够激发学生对化学知识学习和实验探究的兴趣。本实验设计的鉴定过程（以树叶为例）概括为：灰化—硝化分解—元素鉴定，基本原理是先将树叶中的 Ca、Fe、P 等元素转化为 Ca^{2+}、Fe^{3+}、PO_4^{3-}，再进一步通过加入其他试剂显示特征颜色或沉淀来粗略判断与检验。

二、实验目的

1. 通过查阅资料，了解植物体中所含的常量元素和微量元素。
2. 学会植物体中元素鉴定的方法及学习该实验的设计思路。
3. 掌握常见的化学实验基本操作，如研磨、过滤等。

三、实验原理

钙、铁、磷等元素是维持生命的重要元素，在植物体中扮演重要角色。磷元素在植物的碳水化合物代谢中起重要作用，直接参与了呼吸与发酵过程。铁元素能参与植物的氧化还原过程，也是某些氧化酶的成分，如果植物缺铁，那么叶子就会发黄。钙元素具有通过中和植物组织内有机酸来减少毒害的作用。本实验采用氧化还原等方法对实验原材料进行处理，将植物体中的磷元素转化为磷酸根、铁元素转化为铁（Ⅲ）离子、钙元素转化为钙离子，再利用这些离子的特征反应将这些元素一一鉴定出来。发生化学反应的化学方程式如下：

$$Ca^{2+} + C_2O_4^{2-} = CaC_2O_4 \downarrow \text{（白色）}$$

$$Fe^{3+} + nSCN^- = Fe(SCN)_n^{3-n} \text{（}n=1\sim6\text{，血红色）}$$

$$Fe^{3+} + K^+ + [Fe(CN)_6]^{4-} = KFe[Fe(CN)_6] \downarrow \text{（普鲁士蓝）}$$

$$12MoO_4^{2-} + 3NH_4^+ + PO_4^{3-} + 24H^+ = (NH_4)_3P(Mo_3O_{10})_4 \downarrow \text{（黄色）} + 12H_2O$$

四、仪器与试剂

仪器：试管，漏斗，滤纸，坩埚，坩埚钳，研钵，烧杯，铁架台，铁圈，玻璃棒，电子天平。

试剂：0.2mol/L 钼酸铵溶液，0.2mol/L 亚铁氰化钾溶液，0.2mol/L 硫氰酸钾溶液，0.2mol/L 草酸铵溶液，浓硝酸，树叶，蒸馏水。

五、实验步骤

1. 灰化

准备 4g 干树叶（如果是青叶，用量增加至 6g），用坩埚钳夹住叶柄直接在煤气灯上灼烧，待炭化后收集灰粉转移至瓷坩埚中，继续加热至灰化完全，加热过程中用玻璃棒适当搅拌，使灰化更充分。接着用研钵将得到的植物灰研细，用电子天平进行称量，记录数据。

2. 硝化分解

将称量好的植物灰转移至 50mL 小烧杯中，并向其中滴加浓硝酸进行硝化分解（按照每克灰粉滴加 1mL 浓硝酸），将灰粉浸透，若部分灰粉未与浓硝酸接触，可适当多加几滴，用小火加热，保持温热放置 10min，然后加 6～7mL 蒸馏水稀释，常压过滤，再用 1mL 蒸馏水洗涤沉淀，使待鉴定离子充分转移，滤液备用。

3. 元素定性鉴定

将滤液分为 4 等份，分别加入 4 只小试管中，编号为 A、B、C、D，分别向其中加入两滴 0.2mol/L 钼酸铵溶液、0.2mol/L 亚铁氰化钾溶液、0.2mol/L 硫氰酸钾溶液、0.2mol/L 草酸铵溶液，观察现象。

六、实验报告

1. 实验目的
2. 实验原理
3. 实验仪器与试剂
4. 实验步骤与现象

将实验步骤与现象填入表 2-5-1 中。

表 2-5-1 实验步骤与现象

实验步骤	实验现象	解释和反应式

5. 实验结果讨论
6. 参考文献

七、注意事项

（1）此实验树叶灼烧灰化要充分，当坩埚中无红色火星可视为灰化完全。

（2）实验中浓硝酸的用量要适当，若过少，硝化分解不完全，反应不充分；若过多，溶液酸性过强，检验钙离子时现象不明显。

（3）硝化分解用小火加热时，若烧杯中出现红棕色气体，立即停止加热，将烧杯转移至通风橱中静置，此时说明硝酸已自行分解，产生有毒 NO_2 气体。

（4）若检验磷元素时，试管中现象为黄色溶液，未出现沉淀，可用玻璃棒摩擦试管内壁，静置片刻即可观察到黄色沉淀。

八、参考文献

[1] 段莉梅，包呼和牧区乐，包尔寅，等．生物体中钙、铁、镁、磷的分离与鉴定 [J]. 内蒙古民族大学学报，2009 (15)：111.

九、知识拓展

1. 镁元素在植物体内的作用

（1）镁在植物中起磷载体的作用，有利于促进根系更好的生长以及提高植物的养分和水分的利用效率。

（2）镁是叶绿素的组成成分。所以植物需要镁才能通过光合作用获得太阳能，用于生长和生产。从而有利于提高蔬菜和水果的品质和产量。

（3）当植物发生镁元素缺乏时，底部较老的叶子会首先受到影响。而且在酸性土壤中，比较容易出现镁元素缺乏的症状，需要注意给植物补充镁元素肥料。

（4）镁元素能促进作物对其他营养物质的吸收，例如氮磷钾等元素。从而提高作物抗旱抗寒抗病的能力，促进植物生长发育，植株健壮，叶片保持鲜绿。

2. Mg 元素的鉴定方法

（1）按照本实验操作步骤得到硝化分解过滤后的滤液，再加入浓氨水调节溶液的 pH 为 6～7，使其产生沉淀，过滤，得到滤液。

（2）将滤液置于试管中，向其中滴加镁试剂（对硝基偶氮 α-萘酚的氢氧化钠溶液），可观察到天蓝色沉淀。

实验六　胃舒平中氢氧化铝的检验

一、实验设计

人的胃壁细胞能产生胃液，胃液中含有少量盐酸称之为胃酸。胃酸过多会导致消化不良和胃痛。抗酸类药物是一类治疗胃痛的药物，能中和胃里多余的盐酸，缓解胃部不适。抗酸类的药物有很多，通常包含一种或两种中和盐酸的化学类药物。胃舒平是一类抗胃酸药物，其主要成分为氢氧化铝、三硅酸镁等。铝是一种慢性神经毒性物质，过多地摄入会使神经系统发生退行性改变，从而诱发老年性痴呆症、肌萎缩性侧索硬化症等疾病。本实验希望通过根据氢氧化铝的化学性质，准确检验出其存在，为后续准确测定胃舒平中铝的含量、减少药物毒副反应、提高用药安全性做好前期准备。本实验利用氢氧化铝既能和强酸反应生成盐和水，也能和碱反应生成盐和水的两性化学性质，来检验胃舒平中氢氧化铝有效成分的存在。

二、实验目的

1. 通过本实验，可以进一步巩固过滤等基本操作，学习药剂检验的前处理方法。

2. 通过本实验，掌握检验胃舒平中氢氧化铝的方法和原理。

3. 掌握研钵的使用和沉淀分离的操作方法，pH 试纸的使用方法，进一步练习化学实验的常见方法。

4. 提高应用所学化学知识掌握解决实际问题的能力。

三、实验原理

胃舒平是一类抗胃酸药物，其主要成分为氢氧化铝、三硅酸镁等，主要用于因胃酸分泌过多而引起的一系列临床病症，以溃疡、呕酸、胃痛等为常见，胃舒平中的氢氧化铝具有较好的抑酸合胃的功效，但机体内铝含量过多会产生毒性反应，引起慢性神经病变，是各类以认知功能障碍、神经功能障碍等为主要表现的疾病的诱因之一。本实验通过氢氧化铝所具有的两性的化学性质，准确检验出其存在。涉及的主要化学反应方程式如下：

$$Al(OH)_3 + 3HCl = AlCl_3 + 3H_2O$$

$$AlCl_3 + 3NaOH = Al(OH)_3 \downarrow + 3NaCl$$

$$Al(OH)_3 + NaOH = NaAlO_2 + 2H_2O$$

四、仪器与试剂

仪器：烧杯，试管，研钵，玻璃棒，循环水式多用真空泵，抽滤瓶，布氏漏斗，电炉，表面皿。

试剂：胃舒平片（上海青平制药有限公司），6mol/L 盐酸、3mol/L 氢氧化钠，pH 试纸、滤纸，蒸馏水。

五、实验步骤

1. 胃舒平药品的前处理

取胃舒平药品 8～10 片，放在研钵中研磨成细粉。称取研磨后的细粉两份，均为 0.5g，分装入两只 100mL 烧杯，并进行编号 A、B。

2. 氢氧化铝的检验

方法一：酸法

(1) 向 A 烧杯中滴加 6mol/L 的盐酸溶液至其完全溶解，之后加入 30mL 的蒸馏水，煮沸。冷却后抽滤，并用水洗涤沉淀，弃去不溶物，收集滤液。

(2) 氢氧化铝的检验：移取步骤（1）中所得的滤液 3mL 至试管中，滴加 3mol/L 的氢氧化钠溶液 4～5 滴，用 pH 试纸作指示剂（使用方法：撕下一小截试纸，放在表面皿上，用洁净干燥的玻璃棒蘸取试液，把溶液蘸在干燥的试纸上，显色后与比色卡对比，读出 pH 值），滴加至溶液 pH 为 5 时，即有白色絮状沉淀产生，继续滴入 3mol/L 氢氧化钠溶液约 4mL，白色沉淀又溶解。记录所见的实验现象。解释实验过程中所见的现象。

方法二：碱法

(1) 向 B 烧杯中滴加 3mol/L 的氢氧化钠溶液至其完全溶解，之后加入 30mL 的蒸馏水，煮沸。冷却后抽滤，并用水洗涤沉淀，弃去不溶物，收集滤液。

(2) 氢氧化铝的检验：将滤液移 3mL 至试管中，滴加 6mol/L 的盐酸 7～8 滴，用 pH 试纸作指示剂，当溶液的 pH 值大约为 7，即有白色絮状沉淀产生，继续滴入 6mol/L 盐酸约 2mL，白色沉淀又溶解。记录所见的实验现象，解释实验过程中所见的现象。

六、实验报告

1. 实验目的
2. 实验原理
3. 实验仪器与试剂
4. 实验步骤与现象
5. 实验结果讨论
6. 参考文献

七、注意事项

(1) 溶解胃舒平片时，所加盐酸或氢氧化钠溶液的量应为恰好溶解为止。

(2) 所用的盐酸必须纯净，防止带入杂质而造成滴加过量氢氧化钠而沉淀不完全消失的现象。

(3) 滴加 3mol/L 氢氧化钠时，应边滴加边振荡，一定要经过所得絮状沉淀不再溶解的过程，然后再滴加 3mol/L 氢氧化钠，沉淀即能溶解，这样现象更为明显。

八、参考文献

[1] 吴川彦．胃舒平中氢氧化铝含量的测定方法及评价 [J]. 现代医学与健康研究，2018，2 (10)：63.

[2] 刘佐华．胃舒平药片中药效成分含量测定的新方法 [J]. 当代化工研究，2016，16 (1)：27.

[3] 国家药典委员会．中华人民共和国药典 [M]. 北京：化学工业出版社，2010：493.

[4] 张功国．复方氢氧化铝药片中铝含量的测定及比较 [J]. 济宁学院学报，2015，36 (3)：51.

[5] 孔玲．“胃舒平中 Al_2O_3 含量的测定”的 3 种实验设计方案比较 [J]. 西南师范大学学报，2011，36 (2)：186.

九、知识拓展

胃舒平中氢氧化铝含量的测定一般采用配位滴定中的返滴定法、酸碱滴定法和置换滴定法 3 种方案。其中配位滴定中的返滴定法和置换滴定法不存在系统误差，而酸碱滴定法具有显著性差异。这三种方法，配位滴定中的返滴定法和置换滴定法比酸碱滴定法的准确度高，更适于胃舒平中氢氧化铝含量的测定。

胃舒平药品中除氢氧化铝外，还含有三硅酸镁，通常采用返滴定法测定其含量。同时在药品制作过程中，为了增加药品的口感，常常加入糖等调味剂，为了使药品加工成型，常常加入淀粉等黏合剂，一般是向其中加入碘溶液，淀粉遇碘变蓝达到检测淀粉的目的。

实验七　自制植物酸碱指示剂及其显色效果和范围测定

一、实验设计

酸碱指示剂是在一定 pH 范围内能显示一定颜色的试剂，实验室常用酚酞、甲基橙作为中和滴定的指示剂。在自然界中，许多植物的花朵、果实、茎中都含有植物性色素，这些色素在不同的酸碱性条件下显示出不同的颜色。这些植物指示剂材料易得，更贴近生活，可以提高学生的化学学习兴趣。

二、实验目的

1. 了解酸碱指示剂的作用。
2. 掌握植物指示剂提取的方法。
3. 理解植物酸碱指示剂变色机理。

三、实验原理

植物在酸和碱溶液中呈现出不同颜色的原因在于其细胞中存在花青素。花青素是一种广泛存在于水果、蔬菜和花卉中的重要水溶性天然色素，在自然界中以多羟基或甲氧基化异黄酮的形式存在，其基本结构如图 2-7-1 所示。由于花青素分子结构中存在羟基，因此花青素易溶于水、甲醇、乙醇等溶剂。

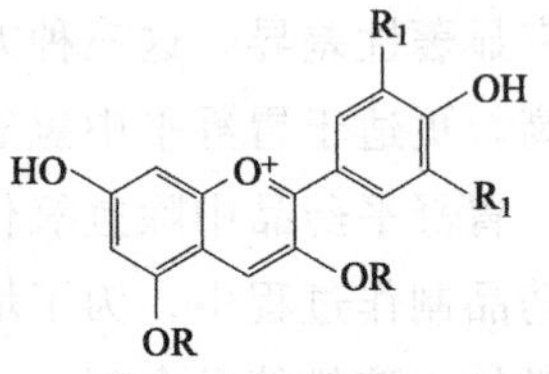

R为H或糖基，R_1为H或OH或OCH_3

图 2-7-1　花青素的基本结构

花青素对酸和碱十分敏感，其颜色会随溶液酸碱性的变化而发生变化：在中性溶液中呈紫色，在酸性溶液中呈红色，在碱性溶液中呈蓝色。其在不同 pH 值的溶液中发生的颜色变化如图 2-7-2 所示。

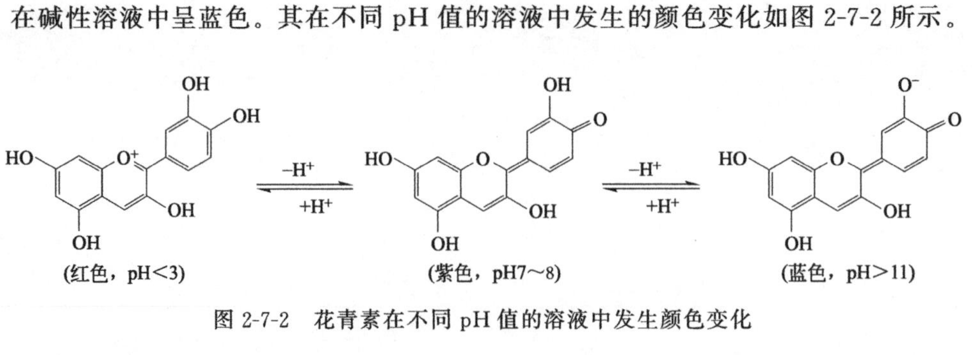

$-H^+$ / $+H^+$

(红色，pH＜3)　(紫色，pH7～8)　(蓝色，pH＞11)

图 2-7-2　花青素在不同 pH 值的溶液中发生颜色变化

花青素分子中存在高度分子共轭体系，含有酸性与碱性基团，易溶于水、甲醇、乙醇、稀碱与稀酸等极性溶剂中。在紫外与可见光区域均具较强吸收，紫外区最大吸收波长在280nm附近，可见光区域最大吸收波长在500～550nm范围内。

对酸碱度敏感的花青素不仅来源丰富，而且作为一种天然可食用色素，具有无毒、安全无污染的特点。因此，花青素是一种极具潜力的新型酸碱指示剂。

四、仪器与试剂

仪器：试管，烧杯，锥形瓶，表面皿，量筒，研钵，漏斗，滤纸，pH计，分光光度计，磁力搅拌器。

试剂：红月季花，红萝卜，紫甘蓝，葡萄，氢氧化钠，盐酸，50%乙醇。

五、实验步骤

1. 不同植物酸碱指示剂的提取与配制

分别称量红月季花花瓣、红萝卜皮、紫甘蓝、葡萄皮各2.0 g，将其剪碎分别溶解于40mL 50%的乙醇溶液中。研磨3min后溶液逐渐呈现颜色，过滤，得到相应的植物酸碱指示剂。

2. 试管实验探究不同植物酸碱指示剂的效果

上述4种植物酸碱指示剂，每种取3mL分置于3支试管中，依次滴入1滴1mol/L盐酸溶液、水和1mol/L NaOH溶液后振荡试管，记录不同溶液的颜色。

3. 滤纸实验探究不同植物酸碱指示剂的效果

取上述4种植物酸碱指示剂，每种都在3张滤纸中心滴加3滴，待提取液扩散均匀后制成pH试纸，再在滤纸中心分别滴加1滴1mol/L盐酸溶液、水和1mol/L NaOH溶液，记录颜色。

4. 分光光度法探究不同植物酸碱指示剂的效果

取上述4种植物酸碱指示剂适量，用1mol/L盐酸溶液和NaOH溶液调节pH分别为1、7和14，使用分光光度计测定上述不同pH值下指示剂在400～750nm波长下的可见光吸收光谱，绘制其吸收曲线，并记录吸收峰波长λ_{max}及吸光度A。

5. 指示剂显色范围测定

取10mL配制好的1mol/L盐酸溶液于装有磁子的50mL烧杯中，滴加2～3滴自制酸碱指示剂，观察颜色并记录。将上述锥形瓶置于磁力搅拌器上，调节合适的转速，插入pH计或pH传感器，缓慢滴加1mol/L NaOH溶液，观察溶液颜色变化并记录。

六、实验报告

1. 实验目的

2. 实验原理

3. 实验仪器与试剂

4. 实验步骤与现象

5. 实验数据讨论

（1）记录 4 种植物酸碱指示剂在 1mol/L 盐酸溶液、水和 1mol/L NaOH 溶液中和试纸上的颜色。

（2）绘制 4 种植物酸碱指示剂在不同 pH 下的吸收曲线，记录最大吸收波长和吸光度。

（3）记录 4 种植物酸碱指示剂在随 pH 变化时颜色的变化。

6. 参考文献

七、注意事项

（1）用乙醇提取花青素时要充分捣碎并研磨以提高提取率。

（2）过滤时防止堵塞。

（3）指示剂显示范围测定时滴加 1mol/L NaOH 速度要慢，等 pH 计读数稳定后再记录读数。

八、参考文献

［1］ Alkema J. The chemical pigments of plants ［J］. Journal of Chemical Education, 1982，59（3）：183.

［2］ Garber K C A，Odendaal A Y，Carlson E E. Plant pigment identification：A classroom and outreach activity ［J］. Journal of Chemical Education，2013，90（6）：755.

［3］ 曾雅婷，丁伟．三种方法探究不同植物酸碱指示剂的效果［J］. 教育与装备研究，2009，7：25.

九、知识拓展

酸碱指示剂是一类结构较复杂的有机弱酸或有机弱碱，它们在溶液中能部分电离成指示剂离子和氢离子（或氢氧根离子），并且由于结构上的变化，它们的分子和离子具有不同的颜色，因而在 pH 不同的溶液中呈现不同的颜色。常用的酸碱指示剂主要有以下四类：

（1）硝基酚类　这是一类酸性显著的指示剂，如对硝基酚等。

（2）酚酞类　有酚酞、百里酚酞和 α-萘酚酞等。

（3）磺代酚酞类　有酚红、甲酚红、溴酚蓝、百里酚蓝等。

（4）偶氮化合物类　有甲基橙、中性红等，为两性指示剂，在酸和碱中结构不同。

实验八　果蔬中维生素C含量的测定

一、实验设计

维生素C是人类营养中最重要的维生素之一，缺乏维生素C会产生坏血病，因此维生素C又称为抗坏血酸（ascorbic acid）。它主要存在于新鲜水果及蔬菜中，对物质代谢的调节具有重要的作用。近年来，发现它还有增强机体对肿瘤的抵抗力，并具有化学致癌物的阻断作用。

维生素C具有很强的还原性。它可分为还原性和脱氢型。还原型抗坏血酸能还原染料2,6-二氯靛酚（DCIP），本身则氧化为脱氢型。用蓝色的DCIP碱性染料标准溶液，对含维生素C的酸性浸出液进行氧化还原滴定，染料被还原为无色，当多余的染料在酸性介质中则表现为浅红色，此时即为滴定终点。依据DCIP的消耗量可以计算样品中维生素C的含量。

二、实验目的

1. 了解果蔬中维生素C定量检测的原理和方法。
2. 掌握用氧化还原滴定法测量维生素C的含量。

三、实验原理

实验原理如图2-8-1所示，用蓝色的碱性染料DCIP标准溶液对含维生素C的酸性浸出液进行氧化还原滴定，DCIP被还原为无色，当到达滴定终点时，多余的DCIP在酸性介质中显浅红色，由DCIP的消耗量计算样品中维生素C的含量。

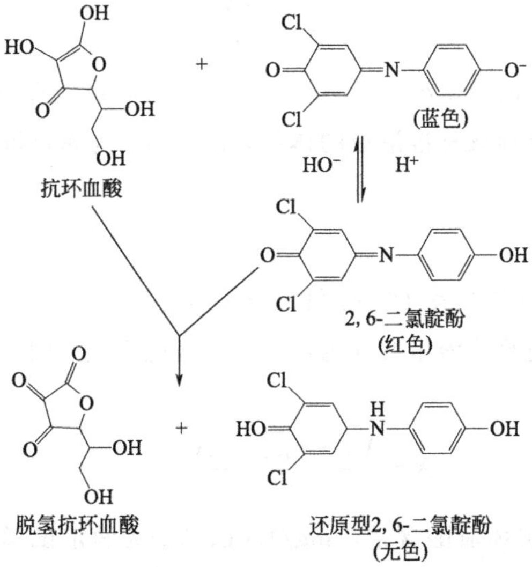

图2-8-1　实验原理示意图

四、仪器与试剂

仪器：高速组织捣碎机，分析天平，烧杯，锥形瓶，吸量管，容量瓶，滴定管，棕色瓶，研钵，漏斗，滤纸。

试剂：草酸溶液（20g/L），$NaHCO_3$，L(+)-抗坏血酸标准品（$C_6H_8O_6$，纯度≥99%），2,6-二氯靛酚（DCIP），白陶土或高岭土（对抗坏血酸无吸附性），新鲜蔬菜或水果，蒸馏水。

五、实验步骤

1. 提取

称取具有代表性样品（柠檬、橙子、猕猴桃，其中柠檬最佳）的可食部分约100g，放入组织捣碎机中，再加100mL草酸溶液，迅速捣成匀浆。准确称取10～40g浆状样品，用草酸浸提剂将样品移入100mL容量瓶内，并稀释至刻度，摇匀后过滤。若滤液中有颜色，则可按每克样加入0.4g白陶土脱色后再进行过滤。

2. DCIP溶液滴定度的标定

称取$NaHCO_3$ 52mg溶解于200mL热蒸馏水中，然后称取DCIP 50mg溶解在上述$NaHCO_3$溶液中，冷却后用蒸馏水定容至250mL，过滤至棕色瓶内，4～8℃环境中可保存一周左右。每次使用前，用标准抗坏血酸溶液标定其滴定度。

准确吸取标准抗坏血酸溶液1mL置于100mL锥形瓶中，加10mL草酸浸提剂，摇匀，DCIP溶液滴定至粉红色，并保持15 s不褪色，即达终点。同时，另外取草酸浸提剂作为空白对照实验，平行测定三次。根据公式计算DCIP溶液的浓度：

$$c_{DCIP}=\frac{cV_1}{V_2} \quad (2\text{-}8\text{-}1)$$

式中，c_{DCIP}为DCIP的质量浓度，mg/mL；c为抗坏血酸标准溶液的质量浓度，mg/mL；V_1为所吸取的抗坏血酸标准溶液的体积，mL；V_2为滴定抗坏血酸标准溶液所消耗DCIP溶液的体积，mL。

3. 样品滴定

准确吸取滤液，稀释若干倍（2～4倍）至10mL，放入100mL锥形瓶中，用已标定过的DCIP溶液滴定，直至溶液呈粉红色且15s不褪色为止。同时做空白试验。平行测定三次。

$$X=\frac{V_3\times c_{DCIP}\times A}{W}\times 100 \quad (2\text{-}8\text{-}2)$$

式中，X为试样中抗坏血酸含量，mg/100g；V_3为滴定试样所消耗DCIP溶液的体积，mL；c_{DCIP}为DCIP的质量浓度，mg/mL；A为稀释倍数；W为试样质量，g。

4. 实验数据及处理

将实验数据及处理填入表 2-8-1、表 2-8-2 中。

表 2-8-1　DCIP 酚溶液的滴定度的数据结果

实验序号	1	2	3
抗坏血酸标准溶液的质量浓度 c/(mg/mL)			
吸取的抗坏血酸标准溶液的体积 V_1/mL			
滴定抗坏血酸标准溶液所消耗 DCIP 的体积 V_2/mL			
DCIP 的质量浓度 c_{DCIP}/(mg/mL)			
DCIP 的质量浓度平均值 $\bar{c}_{DCIP}$/(mg/mL)			

表 2-8-2　维生素 C 含量测定的数据结果

实验序号	1	2	3
滴定试样所消耗 DCIP 的体积 V_3/mL			
DCIP 的质量浓度平均值 $\bar{c}_{DCIP}$/(mg/mL)			
稀释倍数 A			
试样质量 W/g			
试样中抗坏血酸含量 X/(mg/100g)			
平均值 $\overline{X}$/(mg/100g)			
相对平均偏差 RSD			

六、实验报告

1. 实验目的
2. 实验原理
3. 实验仪器与试剂
4. 实验步骤与现象
5. 实验结果讨论
6. 参考文献

七、注意事项

(1) 整个操作过程要迅速，检测过程应在避光条件下进行，防止还原型抗坏血酸被氧化。滴定过程一般不超过 2min。

(2) 滴定所用的 DCIP 不应小于 1mL 或多于 4mL，如果样品含维生素 C 太高或太低时，可酌情增减样品液的用量或改变提取液稀释度。

(3) 提取的浆状物如不易过滤，也可采取抽滤或者离心等方式。

(4) 草酸空白样品在滴定时所消耗体积非常小，几乎可以忽略，所以本实验中没有进行空白对照试验。

八、参考文献

[1] 国家卫生和计划生育委员会．食品安全国家标准　食品中抗坏血酸的测定．GB 5009.86—2016 [S]. 北京：中国标准出版社，2014.

[2] 梁云贞，董佩佩，黄秋婵．测定果蔬中维生素C含量的实验教学改革——2,6-二氯酚靛酚法 [J]. 教育教学论坛，2019 (02)：279.

[3] 李书静，李可，姚新建，等．2,6-二氯靛酚钠测定果汁饮料中维生素C [J]. 光谱实验室，2011，28 (05)：2391.

[4] 王传芬，韩玉，王英博，等．果蔬中维生素C含量的测定及比较 [J]. 农业与技术，2020，40 (18)：44.

九、知识拓展

滴定分析法误差比较小，除了传统的滴定分析法以外，还可以利用试样中抗坏血酸经活性炭氧化为脱氢抗坏血酸后，可以与邻苯二胺（OPDA）反应生成有荧光的喹噁啉，其荧光强度与抗坏血酸的浓度在一定条件下成正比的关系，采用荧光法测定。或者将试样中的抗坏血酸用偏磷酸溶解超声提取后，采用液相色谱仪测定。

实验九　化学合成药物——阿司匹林的合成

一、实验设计

阿司匹林作为一种解热镇痛药历史悠久。其诞生于 1899 年 3 月，到目前为止，阿司匹林的使用历史超过了一百年，成为医药历史上三大经典药物之一。它是应用最广泛的解热、镇痛和消炎医药品，还是比较和评价其他药物标准的制剂药，在体内具有抗血栓的药效，有抑制血小板释放反应与聚集作用。临床上，它也可以用于预防心脑血管疾病。阿司匹林服用方便，安全性高，疗效好，不良反应少，价格也比较容易接受。本实验以醋酸酐和水杨酸为原料，以浓硫酸为催化剂，通过酰化反应制得阿司匹林。

二、实验目的

1. 了解制备阿司匹林的反应原理和实验方法。
2. 熟悉酯化反应和混合溶剂重结晶的方法。
3. 通过本实验，进一步巩固称量、加热、结晶、重结晶等基本操作方法。

三、实验原理

阿司匹林，又名乙酰水杨酸、醋柳酸、巴米尔。常用醋酸酐和水杨酸经酰化反应制得。其分子式为 $C_9H_8O_4$，分子量为 180.16，白色针状或结晶性粉末，无臭，微带酸味。在医学上，阿司匹林具有解热、镇痛、抗炎、抗风湿和抗血小板聚集等多方面的药理作用，发挥药效迅速，药效稳定，是世界上应用最广泛的传统药物之一。随着研究的深入，新的药理作用还在不断被发现。在农业上，它具有促使植物生长健壮、提高抗逆性、提高树桩成活率、延长插花寿命等作用。因此，阿司匹林的绿色经济合成方法越来越受到人们的关注。

阿司匹林可用浓硫酸作为催化剂，通过水杨酸与醋酸酐反应制得。

主反应的化学方程式为

$$o\text{-}HOC_6H_4COOH + (CH_3CO)_2O \xrightarrow{H_2SO_4} o\text{-}CH_3COOC_6H_4COOH + CH_3COOH$$

副反应的化学方程式为

$$n\ o\text{-}HOC_6H_4COOH \xrightarrow{H_2SO_4} \left[O\text{-}C_6H_4\text{-}\overset{O}{\overset{\|}{C}}\text{-}O\text{-}C_6H_4\text{-}\overset{O}{\overset{\|}{C}}\text{-}O\text{-}C_6H_4\text{-}\overset{O}{\overset{\|}{C}}\text{-}O \right]_m + (n-1)\ H_2O$$

在中性和弱酸性溶液中（pH＝4～6），阿司匹林的水溶液加热冷却后水解成水杨酸，三价铁离子与水杨酸的酚羟基结合，溶液呈紫色。可用于检验阿司匹林中是否有水杨酸。

四、仪器与试剂

仪器：锥形瓶，烧杯，玻璃棒，加热磁力搅拌器，循环水式多用真空泵，抽滤瓶，布氏漏斗，水浴。

试剂：水杨酸，醋酸酐，饱和碳酸氢钠溶液，1%三氯化铁溶液，浓硫酸，浓盐酸。

表 2-9-1 所列为主要试剂和产品的物理常数。

表 2-9-1　主要试剂和产品的物理常数

名称	分子量	物态	m. p. /b. p. /℃	水	醇	醚
水杨酸	138.12	白色晶体	211/336	微	易	易
醋酸酐	102.09	无色液体	−73/141	易	易	易
阿司匹林	180.17	白色晶体	135/321	微	微	微

五、实验步骤

1. 阿司匹林的制备

在 50mL 锥形瓶中加入 2.1g 水杨酸、3mL 醋酸酐和 3 滴浓硫酸，摇动锥形瓶使水杨酸完全溶解后，在加热磁力搅拌器上控制温度在 75～85℃加热 20min。稍微冷却后，在搅拌下倒入 30mL 冷水中，在冷水浴中冷却使结晶完全。抽滤，用滤液淋洗锥形瓶将所有产品收集，再用少量冷水洗涤晶体两次，抽干，自然晾干，称重。

2. 阿司匹林的分离

将粗产物移至 100mL 烧杯中，搅拌下加入 25mL 饱和碳酸氢钠溶液中，加完继续搅拌数分钟，无二氧化碳气泡产生即可。抽滤，用 10mL 水洗涤漏斗上的白色黏性固体，合并滤液，倒入盛有 4mL 浓盐酸和 10mL 水配成溶液的烧杯中，搅拌即有白色阿司匹林析出。将烧杯在冰水下冷却，抽滤，用少许冷水洗涤两次，得阿司匹林白色晶体，对干燥后产物进行称重。

3. 阿司匹林的鉴定

（1）物理方法：测定产品的熔点检验其纯度。阿司匹林易受热分解，因此熔点不是很明显。它的熔点为 135℃，分解温度为 128～135℃。在测定熔点时，可先将载热体加热至 120℃左右，然后放入样品测定。

（2）化学方法：取上述干燥后的阿司匹林 0.1g，加入 10mL 蒸馏水，如果没有颜色反应现象，表明产物中无水杨酸。再于试管底部用酒精灯微火煮沸，冷却至室温，加 2 滴 1%的三氯化铁溶液，溶液呈紫色。

六、实验报告

1. 实验目的
2. 实验原理
3. 实验试剂与仪器
4. 实验步骤与现象
5. 实验结果讨论
6. 参考文献

七、注意事项

（1）醋酸酐具有强烈刺激性，要在通风橱中取用，注意不要粘在皮肤上。

（2）控制好酰化反应的温度，否则会使副产物增多。

（3）所用仪器要全部干燥，药品使用前也需进行干燥处理。

八、参考文献

[1] 谢文娜，裘兰兰．阿司匹林的合成综述［J］．化工管理，2018，27：16.

[2] Fuster V，Sweeny J M. Aspirin：a historical and contemporary therapeutic overview［J］．Circulation，2011，123（7）：768.

[3] 李才正，苗佳．阿司匹林的临床应用进展［J］．华西医学，2012，27（7）：988.

[4] 张伦．阿司匹林国内外的应用、生产和市场［J］．中国药房，2007，8（2）：55.

九、知识拓展

合成阿司匹林的传统方法是以水杨酸和乙酸酐为原料，在浓硫酸的催化作用下进行酰化反应而得。这种方法会使原料不能被充分利用，副反应多导致产品杂质多，产率低，并且浓硫酸具有强烈的腐蚀性，会腐蚀设备且后续处理烦琐，对环境污染严重。目前可用草酸、柠檬酸和三氟甲磺酸替换浓硫酸催化反应，此法安全性高，绿色环保。此外，阿司匹林的鉴别还可使用仪器鉴别，包括紫外光谱鉴别法、近红外光谱法、原子吸收光谱法、核磁共振法、薄层色谱鉴别和高效液相色谱法。

实验十　食盐中碘含量的检验及含量测定

一、实验设计

碘是人体所需微量元素，适量的碘可供人体合成生长发育所必需的甲状腺激素。如果缺乏碘会产生地方性甲状腺肿和地方性克汀病，但碘过量则又引起甲状腺功能低下。

食物是人体碘的主要来源，我国政府为了保障人民的健康，规定在食盐中加碘，并且严格控制碘加入量。因为碘酸钾的化学性质稳定，在常温下不易挥发、不分解、不潮解，无色、无臭、无味、易溶于水，含碘量 59.3%，分解温度超过 560℃，所以食盐中的碘常以碘酸钾的形式加入。

纯的碘酸钾对人体有毒，但微量（≤60mg/kg）则对人体有益无害，因此 KIO_3 的加入量应严格遵循 GB/T 5461—2016 含碘量 35±15（即 20～50）mg/kg。对于食盐中碘含量的测定具有十分重要的意义。

二、实验目的

1. 了解测定食盐中碘含量的原理和方法，体验运用滴定法解决实际问题的思维方式。
2. 通过本实验，加深对碘元素化学性质的理解。

三、实验原理

在酸性条件下，KIO_3 可以与 KI 发生反应，有碘单质生成。反应的化学方程式为：

$$KIO_3 + 5KI + 6HCl = 6KCl + 3I_2 + 3H_2O$$

利用这一特性，通过向食盐的酸性试样中加入过量 KI，可以生成碘单质。碘单质遇淀粉变蓝色。然后用硫代硫酸钠标准溶液滴定碘至蓝色消失，到达滴定终点，反应的化学方程式如下：

$$2Na_2S_2O_3 + I_2 = 2NaI + Na_2S_4O_6$$

由此可以计算食盐中碘的含量，计算方法如下：

$$c_I = \frac{c_{Na_2S_2O_3} V_{Na_2S_2O_3} M_1 \times \frac{1}{1000}}{m} \qquad (2\text{-}10\text{-}1)$$

式中，c_I 为食盐中碘含量，mg/kg；$c_{Na_2S_2O_3}$ 为硫代硫酸钠标准液浓度，mol/L；$V_{Na_2S_2O_3}$ 为硫代硫酸钠体积，mL；M_1 为碘的摩尔质量；m 为食盐的质量，kg。

四、仪器与试剂

仪器：烧杯，量筒，锥形瓶，碱式滴定管，碘量瓶，表面皿，分析天平，移液管。

试剂：加碘食盐，6mol/L HCl溶液，0.1mol/L KI溶液，$Na_2S_2O_3$ 溶液（浓度约为0.002mol/L），0.002mol/L碘酸钾标准溶液，0.5%淀粉溶液，新制蒸馏水。

五、实验步骤

1. $Na_2S_2O_3$ 溶液的标定

用移液管移取10.00mL碘酸钾标准溶液于250mL碘量瓶中，加水80mL，盐酸2.0mL，碘化钾5.0mL，摇匀于暗处静置10min，用硫代硫酸钠溶液滴定至溶液呈浅黄色，加淀粉指示剂1mL，继续滴定至蓝色恰好消失，平行测定3次并求平均值，得 $Na_2S_2O_3$ 的准确浓度。

2. 食盐中碘的鉴定及含量测定

（1）食盐中碘的鉴定　取少量碘盐，加适量水溶解，在溶液中滴加少量盐酸，加一滴淀粉指示剂，观察有无蓝色，如果无，则证明碘盐中不含KI（本试样不含KI）。

继续加入少量碘化钾溶液，若溶液变蓝，即证明食盐中含碘。

（2）碘含量的测定　准确称量碘盐10g，分别置于250mL碘量瓶中，加90mL水溶液、盐酸2.0mL、碘化钾5.0mL，摇匀后于暗处静置10min，用硫代硫酸钠溶液滴定至溶液呈浅黄色，加淀粉指示剂1mL，继续滴定至蓝色恰好消失，记录实验数据。

（3）重复测定3次以求取食盐含碘量的平均值。将实验数据填入表2-10-1中。

表2-10-1　食盐中碘含量的测定结果

实验序号		1	2	3
食盐质量/g				
消耗的 $Na_2S_2O_3$ 体积	始读数/mL			
	终读数/mL			
	$V_{Na_2S_2O_3}$/mL			
碘含量/(mg/kg)				
碘含量平均值/(mg/kg)				

（4）根据实验记录数据，计算 $Na_2S_2O_3$ 溶液的浓度，计算食盐中碘含量的碘含量平均值。

六、实验报告

1. 实验目的
2. 实验原理
3. 实验试剂与仪器
4. 实验步骤与现象

5. 实验结果讨论

6. 参考文献

七、注意事项

(1) 滴定应在室温下进行，同时应尽可能避光，滴定时不要剧烈摇动，可防止 I_2 的挥发。

(2) 滴定时加入 KI 后应立即滴定，滴定过程中速度适当放慢，过快则会导致硫代硫酸钠来不及与 I_2 作用的部分在酸性溶液中分解，会导致测定结果偏高。

(3) 淀粉指示剂应在接近滴定终点时加入，否则，当大量 I_2 存在时，I_2 被淀粉吸附，不易与 $Na_2S_2O_3$ 作用，使蓝色褪去现象迟缓，从而产生误差。

八、参考文献

[1] 赵彤莹，刘秀然．两种用于食盐中碘含量测定的常规方法比较研究 [J]. 广东化工，2016，43 (20)：160.

[2] 王健，于艳艳，程月红，等．食盐碘含量的检测方法及多品种盐辅料对碘含量测定的影响 [J]. 中国调味品，2019，44 (10)：149.

[3] 迪丽娜尔·买买提江，吾买尔江·牙合甫，米克热木·沙衣布扎提．市销食盐中碘含量的测定 [J]. 畜牧与饲料科学，2015，36 (09)：21.

[4] 李咏梅，李人宇．食品中碘含量分析方法研究进展 [J]. 理化检验（化学分册），2007 (11)：987.

[5] 谭江涛．食用盐及品种盐中碘测定方法的讨论 [J]. 中国井矿盐，2009，40 (03)：33.

[6] 刘烨，杨丽梅，张磊，等．海藻食盐碘含量测定新方法研究 [J]. 中国井矿盐，2017，48 (02)：31.

[7] 中国国家标准化管理委员会．食用盐．GB/T 5461—2016 [S]. 北京：中国标准出版社，2014.

[8] 张启涛，李传道．盐中碘含量测定的一些注意事项 [J]. 安徽预防医学杂志，2009，15 (01)：72.

九、知识拓展

(1) 测量食盐中的碘含量的方法除了本实验中的滴定法，还有分光光度法、光谱法、电化学法、酶标仪法等。直接滴定法适用于添加碘酸盐的加碘食盐中碘的测定，检测速度快、试剂用量少。

(2) 固体硫代硫酸钠试剂（$Na_2S_2O_3 \cdot 5H_2O$）通常会有一些杂质，且易风化和潮解，因此硫代硫酸钠标准溶液采用标定法配制。

硫代硫酸钠溶液不够稳定，容易分解。光照下硫代硫酸钠即可分解，水中的二氧化碳和氧气也能使之分解或氧化。故配置硫代硫酸钠溶液时，应使用新制煮沸后冷却的蒸馏水，以除去水的二氧化碳和氧气，并储存于棕色试剂瓶中，置于阴暗干燥处，使用前需要进行标定。